甲壳、棘皮动物养殖技术操作技能

李晓霞　著

中国海洋大学出版社

·青岛·

图书在版编目(CIP)数据

甲壳、棘皮动物养殖技术操作技能 / 李晓霞著.
—青岛：中国海洋大学出版社，2013.4
ISBN 978-7-5670-0258-6

Ⅰ.①甲… Ⅱ.①李… Ⅲ.①甲壳类—海水养殖
②棘皮动物—海水养殖 Ⅳ.①S968.2②S968.9

中国版本图书馆 CIP 数据核字(2013)第 080430 号

出版发行	中国海洋大学出版社			
社　　址	青岛市香港东路 23 号		邮政编码	266071
出 版 人	杨立敏			
网　　址	http://www.ouc-press.com			
电子信箱	xjzheng0802@163.om			
订购电话	0532—82032573(传真)			
责任编辑	郑雪姣		电　　话	0532—85901092
印　　制	日照日报印务中心			
版　　次	2013 年 5 月第 1 版			
印　　次	2013 年 5 月第 1 次印制			
开　　本	170 mm×230 mm			
印　　张	11.25			
字　　数	206 千			
定　　价	28.00 元			

前　言

为进一步贯彻中央关于职业教育的文件精神,专业课教学以服务为宗旨,以就业为导向,以学生为主体,以能力为本位,以需求为依据,使学生在"做中学",教师在"做中教",彰显职教特色为原则,在此基础上编写了此书。

目前,关于水生动物虾蟹、参胆的育苗与养殖技术丛书较多,但是大多偏重于理论,适合于实践操作的却不多见,作者经过多年的实验研究与生产实践,进行了创新探索,将教学与生产实践结合起来,将水生动物的育苗与养殖技术以项目的形式编著,对于完成项目所需的相关知识在书中也体现出来,便于学习者掌握,使学习者能更快地掌握育苗与养殖技术技能。

全书分 10 个模块,分别阐述了中国明对虾、日本囊对虾、凡纳滨对虾、龙虾、虾蛄、河蟹、三疣梭子蟹、刺参、海胆的育苗与养殖技术操作技能,作者通过多年育苗与养殖技术的研究,结合教学经验,根据每种生物的育苗与养殖特点,从生产的实际出发,把主要养殖动物的育苗技术分成育苗生产前的准备、育苗用水的处理、饵料的培养、亲体的选择与培育、催产与孵化、幼体的培育与管理、苗种的出池与运输等项目;把每种动物的养殖技术分成池塘的处理、养殖用水的处理、饵料的移植与培养、苗种的放养、养成的管理、成体的收获与运输等项目。学生通过完成实验操作项目,掌握虾蟹、参胆育苗与养殖技术及技能。

本书可作为职业院校水产养殖与相关专业的教材,也可供职业院校相关专业的教师、水产养殖工人上岗培训、水产技术推广人员培训及广大养殖户参考。

全书由大连海洋学校李晓霞完成,由国家海洋局辽宁大连海洋环境保护研究所教授级高级工程师关春江审阅,本书在编写过程中得到有关领导的大力支持和多位同仁的帮助,特别是得到中国海洋大学潘鲁青教授及烟台大学郝彦周教授的帮助,在此表示感谢!

由于时间和条件的限制,加之编者水平有限,书中难免存在不足之处,敬请读者批评指正。

2012 年 12 月

目　次

模块二　中国明对虾的池塘养成技术操作技能

模块三　日本囊对虾的养殖技术操作技能

模块四　凡纳滨对虾的养殖技术操作技能

模块五　龙虾的增养殖技术操作技能

模块六　虾蛄的增养殖技术操作技能

模块七　河蟹的养成技术操作技能

模块八　三疣梭子蟹的养成技术操作技能

模块九　刺参的养成技术操作技能

模块一
中国明对虾的育苗技术操作技能

实训项目一:育苗场及设备、设施的监测

一、相关知识

1. 育苗室

育苗室大小根据生产情况而定,通常为东西走向,四壁为砖石结构,屋顶材料透光、保温和抗风,经久耐用。一般用玻璃或玻璃钢波形瓦盖顶,四周安装玻璃窗。若用玻璃钢波纹瓦盖顶,要求透光率在 70 % 以上。若用玻璃天窗,应设布帘,以便调节光线。

2. 育苗池

育苗池要布局合理、操作方便、经久耐用。育苗池有座式、半埋式或埋式等几种类型。育苗池水体一般 40 ~ 60 m³,露天池水体可大些。人行过道不必太宽,宜在 1 m 以内。池形为长方形,操作方便,池深 1.5 ~ 2 m。池内角为弧形,池底向一侧倾斜 2 %,每个池子设有加温、充气管道,设在池底的排水孔径不小于 10 cm。池壁可用钢筋混凝土灌注,也可用砖石砌成,外敷水泥,要求不渗漏、不开裂。通常 100 t 水体的水池,池壁砖墙厚 24 cm,池隔砖墙厚 36 cm,池墙顶面适当加宽,以便行走和操作。供水和充气管道安放最好不要占据池墙顶面,以方便作业。

3. 产卵孵化池

产卵孵化池长方形或圆形,面积 10 ~ 20 m²,深度 1.2 ~ 1.5 m,池底有排污孔,有的池距离池底 10 cm 处设有排水管,供洗卵排污用。

4. 亲虾越冬池

亲虾越冬方式因地区而不同。福建南部可利用室外池越冬;浙江南部则在保温条件较好的室内池越冬;江苏以北则需在有加温条件的室内池越冬。室内

越冬时要有保温性能好的温室、砖墙、双层窗户,室内光线控制在 500 lx。越冬池分成数口,一般每池面积 20 ~ 50 m²,以长条形水池为好,便于清除残饵和粪便,池深 1.2 ~ 1.5 m,池底最低处设有口径 10 ~ 15 cm 的排水孔。为防止亲虾跳跃时碰壁伤体,也可在池内距池壁 10 cm 处挂一圈网片。

5. 供水系统

供水设施包括蓄水池、沉淀池、高位水塔、沙滤池、水泵和输水管道等。

(1)蓄水池:育苗用水最好抽取海区清净的新鲜海水或打海水井。如受条件限制,可建纳潮式蓄水池,此池大小能满足一个汛期用水即可;也可用比较清净的养虾池代替,一般面积 10 亩左右,海水经 24 ~ 48 h 沉淀后即可使用。

(2)沉淀池:按总蓄水量等于总的育苗水体计算,为保证每天供水,沉淀池要建两个或分隔成两个,以便轮换使用,池顶需加盖或搭棚遮光。

(3)沙滤池:培养饵料生物及亲虾产卵孵化用水必须经过沙滤,除去敌害生物和海水中的浑浊物,起到净化水质的作用。沙滤池一般建于最高处,其大小应视海区水质状况及育苗用水量而定,以建两个为好,以便轮换使用。沙滤结构从底层到上层是利用不同大小的卵石、粗沙和细沙组成的装置,具有截留、沉淀和凝聚作用。由凝聚作用形成的过滤膜可阻止有机碎屑通过砂层,比机械过滤效果好。

(4)水泵与输水管道:水泵多使用离心水泵,其大小应根据育苗水体大小而定。输水管道应使用对幼体无害的硬质塑料管(聚氯乙烯管)或水泥管,禁用铅管、铜管、镀锌管和橡皮管,聚丙烯管虽然无毒,但容易变形和破裂,使用中应予以维护。

6. 充气设备

充气设备包括充气机、送气管道、散气管或散气石。

(1)充气机:常用的有罗茨鼓风机和空气压缩机。大规模生产多采用罗茨鼓风机。它具有风量大、压力稳、气体不含油质和省电等优点。在育苗期间,每分钟内应占水体 1 % ~ 1.5 % 的气量注入水内。因此,鼓风机的规格应根据育苗总水体而定,而风压又与水深有关,水深 1.5 m 以上的育苗池,应选用风压为 0.35 ~ 0.50 kg/m² 的鼓风机;水深 1 m 以内者,应选用风压为 0.2 kg/m² 的鼓风机。为保证育苗工作正常运转,充气机应配备两台以上,以供备用和轮换使用。

(2)送气管:分为主管、分管及支管。主管连接鼓风机,常用口径为 12 ~ 18 cm 的硬质塑料管;分管口径 6 ~ 9 cm,也为硬质塑料管;支管为口径 0.6 ~ 1.0 cm 的塑料软管,下接散气石。

（3）散气石：一般长为 5～10 cm、直径 3～4 cm，多采用 200～400 号金刚砂制成的砂轮气石。在育苗池中池底安放 1～2 个/平方米气石为宜，并在送气管道上设有调节气量的开关。散气管为塑料管，口径 20 mm，每隔 2 cm 钻一小孔，孔径 0.8 mm，排列成一条直线。散气管的布置可根据水池大小及池形来考虑，散气管间距 30 cm 左右，与育苗池成纵向排列，可固定于距离池底 3～5 cm 处。

7. 增温设施

（1）锅炉增温：北方育苗多用锅炉加热，热气通过池内的管道使池水升温。加热管呈环形设置，管道以不锈钢管为好。若使用铸钢管，为防止管道生锈，需涂敷环氧树脂，并用玻璃纤维布包裹。加热管的设置要利于安装和维修，一般距离池壁、池底各 30 cm，每池单独设置控制通气量的气阀，也可采用控温装置调控温度。

（2）电加热：可用电热棒（钛棒、不锈钢棒）、电热床等在水下加热，也可用电热板等增温，各种加热器均可由控制仪来调节温度。

此外，还可利用太阳能、地下热源和工厂余热升温。也可使用暖气装置，使育苗室空气增温，再使育苗池水温逐步上升。

8. 供电装置

育苗期间不能间断供电，应自备发电机，设专门人员管理。

二、技能要求

（1）能识别对虾育苗生产的主要设施。

（2）能完成育苗生产的准备工作。

（3）能检修、维护育苗设施。

三、技能操作

1. 育苗培育池与设备设施的检修操作内容

（1）对育苗设施中的水泥结构进行补漏和清洗。

（2）查看和维修屋顶和门窗。

（3）对系统中的管道进行检测和维修。

（4）换洗沙滤罐中的沙子和石子等过滤物。

（5）检测各系统是否能正常运行。

2. 注意事项

（1）发现问题及时解决，不能拖拉。

（2）检测要小心、认真、细致。

实训项目二:分析室仪器的准备及工具的处理

一、相关知识

(一)工厂化育苗场分析室主要工具种类与特点

工厂化育苗场分析室主要工具有温度计、酸度计、溶氧仪、盐度计等,用来测定水温、pH 值、溶氧、氯化钠含量。

1.表层温度计(图 1 - 1)

管式玻璃温度计,测定范围 -5 ℃ ~ +40 ℃,刻度精度值 ±0.2 ℃,外形尺寸 25 cm,外形壳质为不锈钢材质。

2.酸度计(图 1 - 2)

pH 计由三个部件构成:参比电极、玻璃电极、电流计。酸度计能在 0 ~ 14 pH 值范围内使用,酸度计有台式、便携式、表型式等多种,读数指示器有数字式和指针式两种。

3.溶氧仪(图 1 - 3)

测量范围:溶解氧浓度 0.00 ~ 19.99 mg/L,溶解氧饱和度 0.0 % ~ 199.9 %,温度 0.0 ℃ ~ 40.0 ℃。在黎明前和下午各测一次。目前的溶氧仪性能尚不稳定,容易失灵,使用前应作校正。

 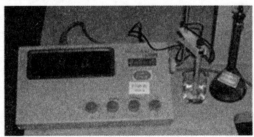 

图 1 - 1　表层温度计　　　　图 1 - 2　酸度计　　　　图 1 - 3　溶氧仪

4.盐度计(图 1 - 4)和相对密度计(图 1 - 5)

盐度计又叫手持式折射仪,由折光棱镜、进光板、零位校正螺丝、橡胶套、接目镜组成。相对密度计用玻璃制作,上部是细长的玻璃管,玻璃管上标有刻度,下部较粗,里面放了汞或铅等重物,使它能够竖直地漂浮在水面上。

5.显微镜

普通光学显微镜由机械部分、照明部分和光学部分所组成。

(1)机械部分:由镜座、镜柱、镜臂、镜筒、物镜转换器、镜台(载物台)、粗调节器和细调节器等组成。

（2）照明部分：装在镜台下方，包括反光镜、聚光镜和光圈组成的集光器。

（3）光学部分：由目镜、物镜等组成。

6. 氨氮快速测试盒

氨氮试剂（Ⅰ）（Ⅱ）各 1 瓶、试管 1 支、滴管 1 支、比色卡 1 张。测定水样中氨及铵盐总浓度 0.02～1.50 mg/L（以氮计）。

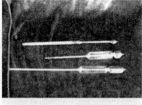

图 1-4　盐度计　　　图 1-5　相对密度计　　　图 1-6　氨氮快速测试盒

（二）常用育苗工具的种类与特点

对虾育苗除有配套设施外，还需有一定的仪器和必要的育苗工具，以便使用时得心应手。育苗工具多种多样，有运送亲虾的帆布桶、饲养亲虾的暂养箱、供亲虾产卵孵化的网箱和网箱架、检查幼体的取样器、换水用的滤水网和虹吸管，还有塑料桶、水勺、抄网及清污用的板刷、竹扫帚等。

1. 网箱

网箱是网目 60～300 目、大小不等的长方形箱体。

2. 手操网

手持网是由网目 60～200 目筛捐网制成的圆形、面积为 0.6～0.8 m^2 的过滤网；用于抓捕虾体等。

3. 虹吸管

虹吸管管径 1～3 cm，由长度不等的软管组建而成，用来吸取池底粪便等。

二、技能要求

（1）识别测量仪器的结构和测量范围。

（2）掌握水质测量的方法。

（3）掌握基本工具的制作与使用方法。

三、技能操作

（一）水温的测量

1. 方法

用清洗干净的表层温度计放入池中先感温 1～3 min，然后将水倒掉，反复操作三次，之后测量池中水的温度，读数时温度计要自然垂直放置，视线要与刻度垂直。取测量的平均值作为池水温度记录。

2. 注意事项

(1)测量时温度计不要触碰池壁。

(2)读数时手不要触碰温度计。

(二)盐度测定

常见的有手持式折射仪和相对密度计。

1. 手持式折射仪

(1)测量方法：

1)调节：用左手指握住橡胶套，右手调节目镜，使用时先对光，旋转调节手轮，使刻度清晰可见。

2)校正：取一滴蒸馏水滴入棱镜上，盖上盖板。用调节螺钉进行调节，使明暗分界线和零刻度线一致。

3)测量：打开盖板，用棉布将水擦拭干净，取被测海水溶液滴入 1 ~ 2 滴到棱镜上，盖上盖板，轻轻压平，注意不要有气泡，否则影响结果。

4)读数：左面的刻线表明氯化钠溶液的相对密度，右面的刻线表明盐度。

5)清理：测量后将棱镜和盖板表面液体擦干净，待干了之后将折射仪保存好。

(2)注意事项：

1)必须注意在 20 ℃情况下使用调零。

2)测后及时清理仪器，防腐蚀。

3)不能用水冲洗仪器，防止潮气进入仪器内部。

4)仪器使用时需轻拿轻放，防止用硬物刮擦棱镜。

5)仪器放置在干燥、清洁的环境中，避免猛烈撞击。

2. 相对密度计

(1)测量方法：

1)用 500 ~ 1 000 mL 的大量桶盛满水放置在水平位置。

2)将相对密度计放入其中。

3)读数，水面对应的相对密度计的刻度就是水样的相对密度。

4)换算：

① 用相对密度计测知相对密度(例如：相对密度为 1.021)。

② 将所测相对密度最后两位数(21)乘 0.3。

③ 把得数(6.3)加到原来数字上(21 + 6.3 = 27.3)。

④ 加上盐度符号，即为海水大体盐度(27.3)。

表 1-1　心算盐度与标准条件下(17.5 ℃)的盐度值比较

相对密度	1.002	1.003	1.010	1.013	1.020	1.021	1.030	1.031
标准盐度	2.66	3.87	12.85	17.00	26.20	27.65	39.25	40.55
心算法盐度	2.6	3.9	13.0	16.9	26.0	27.3	39.0	40.3

（2）注意事项:

1）此法快速简便,有一定实用意义,但比较粗略,故不宜用于正式资料。

2）使用此方法,温度对其测量结果影响较大。

（三）酸碱度(pH 值)测定操作

测定时把复合电极插在被测溶液中,由于被测溶液的酸度(氢离子浓度)不同而产生不同的电动势,将它通过直流放大器放大,最后由读数指示器(电压表)指出被测溶液的 pH 值。

1.方法

（1）校正:先将仪器斜率调节器调节在 100 % 位置,再根据被测溶液的温度,调节温度调节器到该温度值。

选用 pH 4.00(酸性)或 pH 9.18 和 pH 10.01(碱性)缓冲溶液进行斜率校正。具体操作步骤如下:

① 电极洗净并甩干,浸入 pH 6.86 或 pH 7.00 标准溶液中,仪器温度补偿旋钮置于溶液温度处。待示值稳定后,调节定位旋钮使仪器示值为标准溶液的 pH_s 值。

② 取出电极洗净甩干,浸入第二种标准溶液中。待示值稳定后,调节仪器斜率旋钮,使仪器示值为第二种标准溶液的 pH_s 值。

③ 取出电极洗净并甩干,再浸入 pH 6.86 或 pH 7.00 缓冲溶液中。如果误差超过 0.02 pH,则重复第①、②步骤,直至在两种标准溶液中不需要调节旋钮都能显示正确 pH_s 值。

④ 取出电极并甩干,将 pH 温度补偿旋钮调节至样品溶液温度,将电极浸入样品溶液,晃动后静止放置,显示稳定后读数。

（2）定位:把复合电极插入仪器。选择一种最接近样品 pH 值的缓冲溶液,把电极放入这一缓冲溶液里,摇动烧杯,使溶液均匀。待读数稳定后,该读数应是缓冲溶液的 pH 值,否则就要调节定位调节器。用于分析精度要求较高的测定时,要选择两种缓冲溶液(即被测样品的 pH 值在该两种缓冲溶液的 pH 值之间或接近)。待第一种缓冲溶液的 pH 值读数稳定后,该读数应为该缓冲溶液的 pH 值,否则调节定位调节器。清洗电极,吸干电极球泡表面的余液。把电极放入第二种缓冲溶液中,摇动烧杯使溶液均匀,待读数稳定后,该读数应是第二种缓冲溶液的 pH 值,否则调节斜率调节器。

(3)测量:经过 pH 标定的仪器,即可用来测定样品的 pH 值。这时温度调节器、定位调节器、斜率调节器都不能再动。用蒸馏水清洗电极,用滤纸吸干电极球部后,把电极插在盛有被测样品的烧杯内,轻轻摇动烧杯,待读数稳定后,就显示被测样品的 pH 值。复合电极的主要传感部分是电极的球泡,球泡极薄,千万不能跟硬物接触。测量完毕套上保护帽,帽内放少量补充液(3 mol/L 的氯化钾溶液),保持电极球泡湿润。仪器采用 CMOS 集成电路,不用时插入短路插头。检修时电烙铁要有良好的接地,以保护仪器。

2. 注意事项

(1)玻璃电极在初次使用前,必须在蒸馏水中浸泡一昼夜以上,平时也应浸泡在蒸馏水中以备随时使用。

(2)玻璃电极不要与强吸水溶剂接触太久,在强碱溶液中使用应尽快操作,用毕立即用水洗净。

(3)玻璃电极球泡膜很薄,不能与玻璃杯及硬物相碰。

(4)玻璃膜沾上油污时,应先用酒精,再用四氯化碳或乙醚,最后用酒精浸泡,再用蒸馏水洗净。

(5)测定含蛋白质的溶液的 pH 时,若电极表面被蛋白质污染,导致出现误差,这时可将电极浸泡在稀盐酸(0.1 mol/L)中 4 ~ 6 min 来矫正。电极清洗后只能用滤纸轻轻吸干,切勿用织物擦抹。

(6)甘汞电极在使用时,注意电极内要充满氯化钾溶液,应无气泡,防止断路。应有少许氯化钾结晶存在,以使溶液保持饱和状态,使用时拨去电极上顶端的橡皮塞,从毛细管中流出少量的氯化钾溶液,使测定结果可靠。

(7)pH 测定的准确性取决于标准缓冲液的准确性。酸度计用的标准缓冲液,要求有较大的稳定性以及较小的温度依赖性。

(8)一般生产单位可使用 pH 试纸,平时应将试纸密封保存。

(四)溶解氧测定操作

1. 方法

(1)电极安装:取下护套、保护套、螺帽、O 形圈和薄膜,用注射器向电极腔里分别注满蒸馏水和电解液,清洗数次。套上用酒精洗干净的薄膜,将上述部件重新安装起来。

(2)一般校对:接通电源,按下氧浓度键,调节调零电位器,使仪器显示0.0,插上安装好的电极,预热 30 min,调节校准电位器,使仪器显示20.9。

(3)精确校对:配制浓度大于 5 % 的亚硫酸钠溶液适量,把电极放入其中,按下溶解氧键,调节调零电位,显示 0.0。将电极洗净擦干,放在装有蒸馏水的容器水面的上方。调节校对电位器,使仪器显示此温度下的溶解氧。

(4)温度校准与测量:按下温度调节电位器的第一键,使仪器显示40.0,再按下温度调节的第二键,此时温度为被测样品温度。

(5)测量溶解氧:将电极放入被测水样中,不断晃动电极或搅动水样,待显示稳定后,记录读数。

(6)维护和保养:平时应将干电池取出来。放在较干燥处。电极不用时,将其放在冷却的蒸馏水中。长期不用,可取下薄膜,用蒸馏水冲洗电极腔后,干燥保存。

2.注意事项

电极与被测水样必须有相对运动,相对流速应大于10 cm³/s,电极搅拌水样不可太剧烈,不能造成与被测样品的氧交换。

(五)氨氮的测量操作

1.比色法

先用池水冲洗取样管两次,取水样至刻度(若水样需过滤,应先加几滴稀酸)。往试管中加试剂(Ⅰ)7滴,盖上瓶塞摇匀,打开瓶塞再加试剂(Ⅱ)7滴,盖上瓶塞摇匀放置5 min与标准比色卡自上而下目视比色,色调相同的色标即是池水中氨氮的含量(mg/L)。

2.注意事项

(1)测定水温应在10 ℃~30 ℃。

(2)部分指标可能有特殊的操作要求,请使用前认真阅读比色卡背面的说明。

(六)显微镜的使用操作

1.使用方法

(1)从箱中取出显微镜,用左手托底座,右手握住镜臂,抱握胸前,放在桌上,距离桌沿5 cm左右。

(2)打开控制电源开关,选择低倍镜,使镜筒对准光源。

(3)将观测物体放入载物台上,在视野中找到观测对象。

(4)先调节粗调螺旋,再调节微调螺旋。

(5)先在低倍镜下观察,再用高倍镜观察。

(6)使用完毕后关好电源、调节旋转器使镜头离开通光孔。

(7)降低镜筒高度至载物台上,套上保护套,放入箱中。

2.注意事项

(1)避免物镜接触到玻片,以防损坏镜头和标本。

（2）显微镜要放置在干燥的地方,避免落入灰尘等。

（3）切勿擅自拔出物镜镜头或拆开物镜镜头。

（4）用擦镜纸擦拭镜头,避免用其他东西擦拭,防止损坏镜头。

（七）常见工具制作与处理

1. 方法

（1）网目的辨认。

① 根据筛绢孔径的肉眼观察和手指触摸的感觉,区分40目、80目、120目、200目、250目、300目筛绢网。

② 取60目以下的粗筛绢网在桌子上铺平,用尺子沿筛绢网的经线或纬线2.54 cm,做好标记,数出2.54 cm长度内的小孔数,即为筛绢网的目数。

③ 取60目以上的筛绢网,放在显微镜的载物台上,用目测微尺、台微尺测出单位长度的小孔数,再计算出2.54 cm长度的小孔数,此孔数为筛绢网的网目。

（2）简易工具的设计与制作。

① 工具:缝衣针、尼龙线、直径3~6 cm的聚乙烯塑料管、直径为4~5 mm的铁丝、各种网目的筛绢网、钳子、剪刀、万能胶等。

② 结果:制作各种规格的网箱、手操网、集苗箱、饵料袋、观察杯等。

③ 过程:按着设计、剪裁、缝制、试用的步骤进行。

（3）常见工具使用处理。常见工具使用前要消毒,专池专用,严防污染。育苗工具并非新的都比旧的好,新的未经处理,有时反而有害,尤其是木制的(如网箱架)和橡胶用品(如橡皮管),如在使用之前不经过长时间浸泡就会对幼体产生毒害。

2. 注意事项

为清除一切可能引起水质污染和产生毒害的因素,在使用时应注意:

（1）新制的橡胶管、聚氯乙烯制品和木质网箱架等,在未经彻底浸泡前不要轻易与育苗池水接触。

（2）金属制作的工具必须禁用,特别是铜、锌和镀铬制品,入水后会有大量有毒离子渗析出来,以免造成幼体死亡或畸形。

（3）任何工具在使用前都必须清洗消毒,可设置专用消毒水缸,用250×10^{-6}的福尔马林消毒,工具用后要立即冲洗。

（4）有条件者,工具要专池专用,特别是取样器,要严禁串池,以免传播疾病。

实训项目三:育苗用水的处理

一、相关知识

（一）育苗用水的物理处理方法

（1）沉淀、沙滤、网滤:在蓄水池初步沉淀 1 d 以上,进入沉淀池沉淀 12 ~ 18 h,再经过砂滤罐的过滤,最后经 200 目左右的筛绢网过滤进入育苗室。

（2）紫外线处理:通过电能产生波长为 253.7 nm 的紫外线照射的方式进行杀菌消毒海水。紫外线灯有高硼玻璃紫外线灯、石英紫外线灯等。如沙滤水清洁度不够,水中悬浮粒多,颗粒造成的阴影部分达不到杀菌效果。

（3）臭氧处理:通过 O_3 对水进行杀菌消毒处理。经过臭氧处理的水,使用前应经过活性碳过滤或足够的曝气才能使用。

（4）生物包:在容器中放上过滤棉、海绵、木材、活性碳、生物过滤球等过滤器材作为载体,通过人工添加硝化细菌与酵素建立菌群。生物包净化水的过程是利用好氧细菌帮助有机物(如残饵、排泄物、蛋白质)的氧化,使有毒的亚硝酸盐氧化成无毒的硝酸盐,再由厌氧性脱氮细菌将硝酸盐还原成氮气释放出去的过程。清洗滤材要分几次轮流洗,不要一次全洗,也不宜过勤,而且只能用从缸里换下来的水轻轻漂洗。

（5）蛋白质分离器:又叫泡沫分馏器。它是利用水中的气泡表面可以吸附混杂在水中的各种颗粒状的污垢以及可溶性的有机物的原理,采用充氧设备或旋涡泵产生大量的气泡,通过蛋白质分离器将海水净化,这些气泡全部集中在水面形成泡沫,将泡沫收集在水面上的容器中,它就会变为黄色的液体被排除。最多只能清除水循环中 80 % 的有机新陈代谢产物。为了达到更佳的效果,蛋白质分离器必须同时配合使用臭氧机。

（二）育苗用水的化学处理方法

（1）有效氯处理:常用的消毒剂为漂白粉、漂白精、次氯酸钠溶液、二氧化氯等,有效氯含量分别为 25 % ~32 %,60 % ~70 %,8 % ~10 %。

通常处理水时有效氯浓度达 10×10^{-6} ~ 20×10^{-6},经 10 ~ 12 h 充气搅拌处理,加 8×10^{-6} ~ 10×10^{-6} 硫代硫酸钠中和余氯。经氯处理后的海水必须经充分曝气后才使用,必须检查余氯的有无。

（2）EDTA 钠盐处理: 2×10^{-6} ~ 10×10^{-6} 的乙二胺四乙酸钠络合重金属离子。

二、技能要求

（1）能按要求进行沉淀池、沙滤池、蓄水池等进水与排水的操作。

（2）能调节海水的 pH 和进行盐度的调节。

（3）能处理育苗用水和进排水操作过程中出现的问题。

（4）能使用各种水处理装置的操作。

三、技能操作

（一）育苗池的消毒操作

（1）修整：池子使用前用水泥填补裂缝。

（2）浸泡：用海水或淡水泡 7～10 d 后用药物消毒，新建的池子浸泡一个月，每泡 5～10 d 换水一次，新池内放入稻草一同浸泡或加入适量的工业盐酸，可缩短浸泡时间。

（3）消毒：使用 $50 \times 10^{-6} \sim 100 \times 10^{-6}$ 的漂白粉或 $20 \times 10^{-6} \sim 30 \times 10^{-6}$ 的高锰酸钾溶液药物消毒。

（4）刷洗：育苗池使用前刷洗 2～3 遍。

（5）冲洗：刷洗与消毒后，用过滤海水冲洗干净。

（二）进水的处理操作

（1）育苗用水经过蓄水池、沉淀池、砂滤池处理。蓄水池沉淀 1 d 以上，沉淀池 12～18 h。

（2）紫外线、臭氧、生物包、蛋白质分离器的消毒处理：253.7 nm 的光源发出紫外线可杀死 90% 以上的微生物。当水中臭氧浓度达 0.3～0.5 mL/L，水气接触 5～10 min，就可达到杀菌的效果，0.5～1.5 mg/L 的浓度可杀死育苗水中 90%～99% 的弧菌。

（3）用含氯量 8% 的次氯酸钠溶液 250 mL，使水体的有效氯含量达到 20×10^{-6}，经 6～8 h 后，再按 35 g/m³ 加入硫代硫酸钠中和余氯。

（4）用 200 目筛绢网过滤后进入育苗池。

（5）调节水温、酸碱度、盐度到育苗所需要的值。

（6）中和重金属离子：使用 $2 \times 10^{-6} \sim 10 \times 10^{-6}$ 的乙二胺四乙酸钠处理水。

（三）注意事项

（1）检测余氯：把待测水样滴到载玻片上，加少量酸和碘化钾检测，如果变蓝说明有余氯；不变蓝，说明没有余氯。

（2）育苗用水最好采取物理与化学等综合方法进行处理，育苗效果好。

实训项目四：单细胞藻类的培养技术

一、相关知识

（一）单细胞藻类培养池

单细胞藻类培养池：单胞藻的生产性培养多用瓷砖池。每池 2～10 m²，池深 0.8 m,池底和距池底 20 cm 处各设 1 排水孔。为防雨、保温及调节光线,饵料池应建在室内,屋顶需选用透光率较强的材料,晴天光照强度为 1 ~ 2 lx。为防止池间相互污染,一室可分成几个单元。

(二)单细胞藻类种类的鉴别

常用的单胞藻有角毛藻、新月菱形藻、三角褐指藻、金藻、扁藻、盐藻、小球藻、微球藻等。

1. 盐藻(图 1 - 7)

盐藻具有奇特的动、植物双重特性,逐光、耐强酸强碱、耐高寒(- 27 ℃)和酷热(53 ℃),被誉为"死海中绽放的生命奇迹"。

(1)形态特征:细胞长 16 ~ 24 μm,宽 10 ~ 13 μm。前端生出两条等长的鞭毛,鞭毛比细胞长约 1/3,盐藻没有细胞壁,细胞外只有一层弹性膜,所以体形变化很大,有梨形、椭球形、长颈形和纺锤形等。体内有一个杯状的色素体,色素体内的色素,主要是叶绿素,生活条件不良时,产生血红素,藻体呈现红色。在色素体内靠近基部有一大的蛋白核。细胞上部都有一个红色的眼点。有一个细胞核,位于中央原生质中。

(2)繁殖方式:无性繁殖,在游动中直接进行纵分裂为两个游动的子细胞。在环境不良时进行有性繁殖。

(3)生态条件:

① 盐度:盐藻在高盐度海水中生长特别良好,于实验室内可培养在饱和的食盐溶液中,最合适的盐度为 60 ~ 70。

② 温度:盐藻可以在 4 ℃ ~ 40 ℃ 的温度下存活,在 4 ℃ 的低温下仍可以运动的营养细胞形式存在,最适温度范围在 25 ℃ ~ 35 ℃ 之间。

③ 光照:盐藻对光的适应性较强,最适的光照强度为 2 000 ~ 6 000 lx。

④ 酸碱度:适应范围在 pH 7 ~ 9 之间,最适范围为 pH 7 ~ 8.5。

2. 小球藻

小球藻属绿藻门,属广温、广盐性藻类。对环境的适应性强,营养丰富,其本身具有抗污染特性,极易培养多用于培养轮虫。

(1)形态特征:小球藻细胞球形或广椭圆形。细胞内具有杯状(蛋白核小球藻)或呈边缘板状(卵形小球藻)的色素体,蛋白核小球藻的杯状色素体中含有一个球形的蛋白核,细胞中央有一个细胞核。细胞的大小依种类而有所不同,蛋白核小球藻直径一般为 3 ~ 5 μm,在人工培养的情况下,条件优良的小球藻会变小一点。

(2)繁殖方式:以似亲孢子的方式进行无性生殖,首先在细胞内部进行原生质分裂为 2、4、8 等多个孢子,然后这些孢子破母细胞而出,每个孢子成长一个新个体。

（3）生态条件：小球藻的生态条件依种类而有不同。

① 盐度：不同种类的小球藻可以生活在自然的海水和淡水中，淡水种类较多，海水种对盐度的适应性很强，在河口、港湾、半咸水中都可以生存，也能移植到淡水中。

② 温度：一般的小球藻在 10 ℃~36 ℃温度范围内都能比较迅速地繁殖生长，最适宜的温度在 25 ℃左右。

③ 光照：在适温下生长的最适应的光照强度在 10 000 lx 左右。

④ 酸碱度：适宜的 pH 6~8。

3. 扁藻（图 1-8）

扁藻常用种类有亚心形扁藻和青岛大扁藻。扁藻适应性强，生长繁殖迅速，是极易培养的藻种之一，是虾、蟹、贝类及其他海产品动物早期幼体的优质饵料，富含其幼体所必需的多种维生素和脂肪酸。

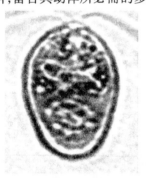

图 1-7 盐藻

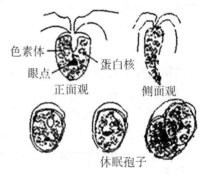

图 1-8 扁藻

（1）形态特征。

① 亚心形扁藻的藻体一般扁压，细胞前面观广卵形，前端较宽阔，前端前部凹陷。鞭毛 4 条由洼处生出。细胞长在 11~16 μm 之间，一般长在 11~14 μm，宽 7~9 μm，厚 3.5 μm。细胞内有一个大型、杯状、绿色的色素体，靠近后端有一呈内上开口的杯状蛋白核，有一个或多个红色眼点比较稳定地位于蛋白核附近，细胞外具有一层比较薄的纤维质细胞壁。运动靠鞭毛，在水中游动迅速、活泼。

② 青岛大扁藻：体长在 16~30 μm，一般是 20~24 μm，宽 12~15 μm，厚 7~10 μm，体型左右对称，略有背腹之分，背部隆起，腹部略凹入。尾部略窄或略尖。眼点 2~3 个，少数有 4 个。

（2）繁殖方式：无性生殖时细胞纵分裂形成 2 个，少数情况下为 4 个子细胞,环境不良时形成休眠孢子。

（3）生态条件:

① 盐度:亚心形扁藻对盐度的适应范围很广,在盐度为 8 ~80 的水中均能生长繁殖。最适应的盐度范围在 30 ~40。

② 温度:亚心形扁藻对温度的适应范围也较广,在 7 ℃ ~30 ℃ 范围内均能生长繁殖,最适温度为 20 ℃ ~28 ℃。

③ 光照:亚心形扁藻在光照强度为 1 000 ~20 000 lx 范围内都能生长繁殖,而最适光照强度在 5 000 ~10 000 lx 之间。

④ 酸碱度:一般在 pH 6 ~9 范围内均能生长繁殖,最适范围在 pH 7.5 ~8.5 之间。

4. 牟氏角毛藻

角毛藻、新月菱形藻、三角褐指藻都属硅藻门。角毛藻又有多种,常用的主要是牟氏角毛藻。牟氏角毛藻属广温、广盐性藻类,在我国南方和北方均能培养,在水温 28 ℃ ~30 ℃,盐度为 30 左右的条件下生长最快。

（1）形态:牟氏角毛藻细胞小型,细胞壁薄。大多数单个细胞,也有 2 ~3 个细胞相连成群体。壳面椭圆形至圆形,中央略凸起或少数平坦。壳环面成长方形至四角形,环面观一般细胞大小通常宽 3.45 ~4.6 μm,长 4.6 ~9.2 μm,壳环带不明显。角毛细而长,末端尖,自细胞四角生出,几乎与纵轴平行,一般长 20.7 ~34.5 μm。壳面观两端的角毛以细胞体为中心略呈 S 形。色素体一个,呈片状,黄褐色。在培养过程中,细胞常常变形。变形的细胞拉长或弯曲,或膨大为球形、椭球形及其他不同于正常形态的形状,角毛缩短或一个壳面的角毛完全消失。变形后的藻体都比正常的大。

（2）生殖方法:无性和有性繁殖。无性繁殖包括的二分裂和形成复大孢子、体眠孢子。环境不良的时候可形成休眠孢子,一个母细胞形成一个休眠孢子,也能形成复大孢子。

（3）生态条件:正常情况下,牟氏角毛藻培养液呈金黄色,无沉淀,适合盐度为 26 ~35,适温为 5 ℃ ~30 ℃,生长率随水温升高而提高,超过 30 ℃生长率开始下降,最适温度 30 ℃,最适光照 10 000 ~15 000 lx。适宜 pH 范围为 6.4 ~9.5,最适 pH 为 8.0 ~8.9。

5. 湛江叉鞭金藻

（1）形态特征:单细胞体,细胞球形或近卵形,直径 5 ~7 μm,无细胞壁,无沟。具两条等长的鞭毛,鞭毛与细胞壁等长或略长于细胞直径,细胞内具一个大的、周生的、叶状的黄褐色色素体,液泡 1 ~3 个,分散在细胞质中,细胞前端或后端常具一个白糖素。营养方式为自养型,靠鞭毛在水中缓慢运动。

(2)繁殖方法:为无性的二分裂繁殖,营养细胞纵分裂形成两个子细胞。

(3)生态条件:湛江叉鞭金藻的最适温度为28 ℃~30 ℃,最适盐度为25~32。

二、技能要求

(1)能按育苗生产要求选择饵料种类。

(2)能消毒饵料培养池和容器、饵料培养用水。

(3)能施入饵料培养所需的营养盐。

(4)能摇动培养瓶、能对培养容器进行搅拌或充气。

(5)能进行饵料培养中的预防工作。

(6)能进行保种、接种、扩种操作。

(7)能观察和检查藻类的生长情况。

三、技能操作

(一)饵料池的检修操作

检查饵料池是否有渗漏,并修补渗漏处。做好防漏、防风、防虫卵等预防工作。

(二)饵料药品的准备

根据配方准备相应的药品提供藻类生长所需的各种营养盐。

(三)单细胞藻类的培养操作

单胞藻的培养过程可分为容器、工具的消毒,培养液的制备,接种和培养4个步骤。

1.容器、工具的消毒

(1)加热消毒法是利用高温杀死微生物的方法。不能耐高温的容器和工具如塑料和橡胶制品等不能用加热法消毒。

① 直接灼烧灭菌:可直接把微生物烧死,灭菌彻底,但只适用于小型金属或玻璃工具的消毒。

② 煮沸消毒:用水煮沸消毒,一般煮沸5~10 min,适用于小型容器、工具的消毒。

③ 烘干箱消毒亦称为恒温干燥箱消毒法。

(2)化学药品消毒法:在生产性大量培养中,大型容器、工具、玻璃钢水槽和水泥池,一般用化学药剂消毒。

① 酒精消毒:浓度为70 %的酒精常用于中、小型容器的消毒。用纱布蘸酒精在容器、工具的表面涂抹,10 min后,用消毒水冲洗两次即可。

② 高锰酸钾消毒:按300×10^{-6}配成高锰酸钾溶液,把洗刷洁净的容器、工具放在溶液中浸泡5 min取出,再用消毒水冲洗2~3次即可。

2. 培养液的制备

单胞藻的培养液(液体培养基)是在消毒海水(或淡水)中加入各种营养物质配制而成的。

(1)海水的消毒。

① 加热消毒法:把经沉淀或沉淀后再经砂滤的海水,在烧瓶或铝锅中加温消毒,一般加温达 90 ℃左右维持 5 min 或加热达到沸腾即停止加温。海水加热消毒后要冷却,在加入肥料前须充分搅拌,使海水中因加温而减少的溶解气体的量恢复到正常水平。

② 过滤消毒法:把经沉淀的海水,经过砂滤装置过滤,可把大型的生物和非生物除去,再经陶瓷过滤罐过滤,可除去微小生物。

③ 次氯酸钠消毒法:在海水中加入含有效氯 20×10^{-6} 的次氯酸钠,充气 10 min,停气,经 6~8 h 的消毒,加入硫代硫酸钠 25×10^{-6},强充气 4~6 h,然后用硫酸－碘化钾－淀粉试液测定,海水中无余氯存在即可使用。

(2)配制培养液可据培养藻类对营养的要求,选用合适的配方。

3. 接种

培养液配好后应立即进行接种培养。接种就是把选为藻种的藻液接入新配好的培养液中。

① 藻种的质量:一般要求选取无敌害生物污染、生活力强、生长旺盛的藻种培养。藻液的外观应颜色正常、无大量沉淀和无明显附壁现象。

② 藻种的数量:在三角烧瓶和细口玻璃瓶培养的藻种,接种的藻液容量和新配培养液量的比例为 1:2~1:3,一般一瓶藻种可接 3~4 瓶。中继培养和大量生产培养一般以 1:10~1:20 的的比例培养较适宜。培养池容量大,可采取分次加培养液的方法,第一次培养水量为总水量的 60 % 左右,培养几天后,藻细胞已经繁殖到较大的密度,可再加培养液 40 % 继续培养。

③ 接种的时间:最好是在上午 8~10 时,不宜在晚上接种。上午接种可以吸取上浮的运动力强的藻细胞做藻种,弃去底部沉淀的藻细胞,起到择优的作用。

4. 培养

(1)日常管理工作。

① 搅拌和充气:在单细胞藻的培养过程中,必须搅拌或充气。摇动和搅拌每天至少进行 3 次,定时进行,每次半分钟。培养过程中一般通入空气,可全天充气或间歇充气。

② 调节光照:一般室内培养可尽量利用近窗口的漫射光,防止强光直射,光照过强时可用竹帘或布帘遮光调节。室外培养池一般应有棚式活动白帆布蓬

调节光照。阴雨天光照不足时,可短期利用人工光源补充。

③ 调节温度:在培养过程中夏天应注意通风降温,冬天北方室内应采取水暖、气暖等方法提高室温,还应防止昼夜温差过大。

④ 注意酸碱度的变化:在培养过程中测定藻液 pH 值的变化,掌握其变化规律,采取措施,防止超出适应范围是非常值得重视的一项工作。如果 pH 值过高或过低,可用盐酸或氢氧化钠调节。

⑤ 防虫防雨:傍晚室外开放式培养的容器须加纱窗或布盖,防止蚊子进入培养容器中产卵,早上应把布盖打开。大型培养池无法加盖,可在早晨把浮在水面的黑米粒状的蚊子卵块以及其他侵入的昆虫用小网捞掉。下雨时应防止雨水流入培养池;刮大风时应尽可能避免大量泥尘和杂物吹入培养池。

(2)对培养藻类生长情况的观察和检查。在日常培养工作中,每天上、下午必须定时做一次全面观察,必要时可进行显微镜检查,掌握藻类的生长情况。

5.常见单细胞藻类培养比较

(1)角毛藻、新月菱形藻、三角褐指藻:适量多加一些硅,其生长速度会有明显提高。光照强度应根据不同的级别培养和不同的藻种浓度进行调节,一、二级培养中应避免直射光,光照不能太强;三级培养刚接种时弱光照射较好,当浓度较大时可用直射强光照射,同时可适当增加光照时间,一般可延长 2~3 h。在一、二级培养时,光照过强、时间过长或温度超过 30 ℃时易使藻种变绿,此时,应严格控制光照强度、光照时间、温度,必要时可降低培养液的盐度,使其恢复正常。新月菱形藻、三角褐指藻适合生长的温度为 15 ℃~20 ℃,超过 28 ℃会死亡。

(2)金藻:金藻培养时应加入适量的维生素和铁以提高其生长速度,在三级培养时,原生动物繁殖极快,当在 100 倍显微镜下观察到每个视野有 2 个以上原生动物时,藻液可在 2 d 内变成清水。因此,我们应对用水、工具、培养池等严格消毒,并每天对藻种进行镜检,对有少量污染的金藻及时投喂,对污染严重不能用的金藻应先消灭原生动物后方可排掉,以防对其他池造成污染。

(3)小球藻和微球藻:在三级培养时,所用水可以不用消毒,用 300 目筛绢过滤即可,只是应定期加入培养液以防老化,对污染严重的小球藻和微球藻可用一定浓度的漂白精对藻种进行消毒,杀灭其原生动物,待原生动物杀死后再用硫代硫酸钠还原,两天后即可恢复正常。培养小球藻、微球藻过程中,当藻种浓度很高时藻液在 1 h 内快速变红的现象,一般出现在每年的 7~9 月,此时加入一定量的牙胞杆菌可使其恢复正常。

6.注意事项

(1)对用水、肥料、工具、培养池进行严格消毒。

（2）根据各海区海水的肥瘦添加适量的营养盐,加入低浓度营养盐可缩短藻类细胞的停滞期,后期追加营养盐可保持其指数生长期。

（3）及时调节光照、盐度、温度。根据藻种的不同浓度及时调整光照强度、光照时间,浓度较大时,可增强光照强度,延长光照时间,对易发生藻种变异的藻类,在一级培养时调整其生长盐度和温度是非常必要的。

（4）根据不同的藻种用不同的药物控制污染并待藻种浓度高时适时进行浓缩、保藏以备不时之需。

（5）一级培养时,尽可能在每次扩种时,根据藻种的上浮、聚光特性进行宏观提纯,以保证藻种的纯度和活性。

（6）常用种类有青岛大扁藻和亚心形扁藻。扁藻对铁元素吸收量也较大,应及时补充铁元素以加速其生长.在扁藻较高浓度时还可通过加入一定浓度的药物对其提纯,浓缩,低温保藏,有需要时,可加入培养液再次培养。

实训项目五:卤虫与轮虫的培养技术

Ⅰ 卤虫的培养技术

一、相关知识

（一）动物饵料培养池

动物饵料培养池大小及数量应视育苗数量而定。利用人工饵料及卤虫幼体为主的育苗,可不建或少建饵料生物培养池,若采用投喂纯种藻类和轮虫的育苗方式,则需有一定比例的饵料池,一般为育苗水体的 2 ~ 3 倍(轮虫池可为土池)。育苗池、植物性饵料培养池和卤虫卵孵化池三者的体积比为 10 : 1 : 1。

轮虫、卤虫孵化池可用水泥池或玻璃钢槽。水泥池一般 5 ~ 10 m³,锅形底,在底部及离池底 10 ~ 20 cm 处各设 1 排水孔,便于排污及收集卤虫无节幼体。卤虫孵化槽设有气举管、透明窗,底部锥形,既能防卤虫卵堆集,又利于分离幼体和卵壳。孵化过程中应充气,用电热棒加温,并有计划地控制孵化数量和时间。

（二）卤虫

1. 卤虫(图 1 - 9)

成体身体细长,全长 1.2 ~ 1.5 cm,明显的分为头、胸、腹三部分,不具头胸甲。一般呈灰白色,生活在高盐水域中的个体稍小,呈桔红色。

卤虫为雌雄异体,适应性强,繁殖周期短,生长迅速。在春、夏季行孤雌生殖,平常所见者为雌体,雄性较少见到。从6月下旬到11月下旬都为卤虫的繁殖期。在春、夏季雌体产卵(非需精卵),成熟后不需要受精便可孵化为无节幼体,发育成雌虫。秋季环境条件改变时,则行有性生殖,此时雄体出现,雌雄交尾产生休眠期(又称冬卵)。秋、冬季节,温度下降、盐度降低、溶解氧降低达2 mg/L 等环境因子的变化,均可导致卤虫产生休眠卵。

2.休眠卵(图1-10)

休眠卵具有较厚的外壳,圆,灰褐色,直径200~280 μm。雌性每次产卵10~250 粒,一生可产5~10 次卵,每个虫体可生存3~6 个月。

3.卤虫生态习性

①盐度:能够生存的盐度范围很广,是广盐性生物。幼体的适应盐度范围为20~100,成体的适应盐度范围为10~120。

②温度:卤虫成体的适应范围为15 ℃~35 ℃,最适为25 ℃~30 ℃。当温度低于15 ℃时,发育缓慢。

③饵料:卤虫以微细藻类及原生动物为饵,饵料大小以10 μm 以下较为合适。卤虫是典型的滤食性动物,但有时也以刮食方式取食。硅藻类的角毛藻、骨条藻等是卤虫的优良饵料,其他单细胞藻类、海洋酵母等都可作为卤虫的饵料。

④运动:卤虫运动时,背部向下,腹部向上,靠摆动胸部附肢进行游泳。孵化后的无节幼体具有很强的趋光性。

 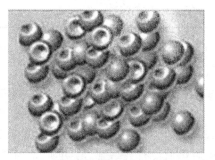

图1-9 卤虫　　　　　　图1-10 卤虫卵

4.卤虫卵质量的鉴别

(1)触摸:对于湿卵,以手摸能散开,无冰晶,水分在40 %左右为好;干卵以干燥度高、分散度佳为好。

(2)嗅觉:闻一闻,无臭味的质量好。

(3)肉眼观察:质量好的卵,颗粒大小均匀、颜色一致,卵表面光滑,无异物附着,卵壳外的结晶状物质或其他杂质无或极少。若结晶物和杂质多,说明卵捞起后未经清洗或沉淀处理。卵的破损率和卵的质量成反比,破损率越高,则卵的质量越低。鲜卵的破损率很低,而陈卵的破损率较高。卵径较小、大小一致,则卵的质量好;如果卵径大小不一,则为未经处理的鲜卵。

(4)镜检:随机取样,取少量丰年虫卵均匀放在载玻片上,用光学显微镜观察,好的卵像踩瘪的乒乓球,而圆球形的卵则为湿卵或是空卵。

(5)燃烧测定:每一个好的卤虫卵在火上烧一下均会产生小的水滴。因而在鉴定时,可以在载玻片上放一些卤虫卵并用火烧,看产生的小水滴数是否和卵粒数差不多。

5.养殖池塘及孵化器具

(1)养殖池深度为 1m,大小为 $50 \times 50m$,池的四边有环形沟,水深 70~100 cm。同时建藻类饵料培养池,在低盐度环境下浮游植物生长较快。

(2)孵化器具由孵化器和小型气泵组成。孵化器用有机玻璃或塑料做成的圆形桶状,底部呈漏斗形。

6.卤虫卵孵化的条件

盐度为 25~35;温度为 25 ℃~30 ℃;充气时要充分地搅动水,避免过多的泡沫,氧不低于 2 mg/L;pH 大于 8;水表面光照为 2 000 lx;孵化卤虫卵的密度为 3 g/L。

二、技能要求

(1)能消毒、孵化、收集卤虫卵。

(2)能分离卵壳和卤虫的无节幼体。

(3)能选择、采收、储存卤虫的休眠卵。

(4)能采取相应的措施提高卤虫的孵化率。

三、技能操作

卤虫人工养殖简易工艺流程:准备、种卵孵化、接种、养殖管理、卤虫产卵、卵的收获。

(一)养殖池的修建及放种前准备工作

(1)检查:检查养殖池并进行修建。

(2)消毒:放种卤虫前,将池彻底排空,曝晒 2 周,根据需要清理池塘底泥,然后在池底遍撒石灰。消毒孵化器具用刷子和干净的水,清洗孵化罐和充气管,用强次氯酸溶液消毒罐壁,在 1 小时之后,用清水淋冲掉消毒液,直至嗅不到氯气气味。

其次,卵的消毒:把要孵化的卵在含 200 mg/kg 的次氯酸溶液中放置 20 min 并连续充气;用过滤网收集消毒后的卵,并在放入孵化罐前充分淋洗。

(3)孵化用水:用经过过滤的卤水灌满孵化罐;安装充气系统;消毒水即在

每100 L的罐体水中加0.5 g的有效氯并充气1 h左右;水中加入0.5 g硫代硫酸钠,除去剩余的氯。

(二)孵化管理

根据孵化条件进行孵化,在卵的孵化过程中,要观察卵的孵化率是否高、孵化同步性是否好、幼体活力是否强。孵化时间越短,刚孵出的虫体体型较小,且活力好、不易沉底,则卵质越好;如果孵化时间超过24 h,孵化时间越长,卵的质量越差。

(三)接种

(1)盐度:100～150。

(2)温度:15 ℃。

(3)pH:7.9～8.9。

(4)密度:100 个无节幼体/升。

(5)饵料养殖池卤水透明度低于30 cm;水深:30～70 cm。

(四)注意事项

接种时间尽量安排于傍晚,此时的水温最高,有利于无节幼体恢复活力;在大风条件下,须在背风的池边将无节幼体虹吸到池中,防止无节幼体被冲到岸边;如果孵化地点距离养殖池较远,就需要在运输时降温充氧气。在计算接种密度时要考虑卵的孵化率、无节幼体的成活率等因素。

(五)养殖管理

(1)环境条件的常规检测:气温、水表层和池底的温度、pH、水深、水的透明度、溶氧量。

(2)卤虫生长状况的监测:卤虫的采样需要在分布池子的固定点上。取样时要将池底的卤虫搅起来,保证取样的准确性。分别用 500 μm、375 μm、125 μm 孔径的滤网过滤、分类、计数,分析种群组成结构,观察有无疾病及死亡现象。

(3)水体的营养监测:维持良好的浮游植物种群是卤虫养殖成功的关键。因此,对水体的营养水平和浮游生物的状况进行常规监测是非常重要的,可为日常管理提供依据。

(4)饵料的培养和投饵料:在养殖的初期以肥水和补充生物饵料丰富的卤水为主,使透明度保持在 30 cm 左右,随着卤虫的生长发育,需要逐步投喂有机碎屑,如糠麸、油饼类、玉米、鸡粪、牛羊粪等。颗粒要小于 50 μm,投喂量 30～50 kg/(d·hm²),要分次饲喂。有条件可使用无机肥,每周每公顷水面施加尿素 20 kg、磷酸氢二铵 25 kg。

(5)病虫害的防治:养殖时要注意黑体病的预防,同时防止水鸟觅食浅水区的卤虫。及时捞取刚毛藻和浒苔,并用胶体磨磨碎投喂卤虫。伏天搭设防晒网,为卤虫提供避暑平台。

（六）刺激产卵

影响卤虫产卵的因素有卤虫的遗传特性、环境因素。溶氧量、盐度、温度等的变化刺激卤虫血红蛋白的合成,最后以亚铁血红素为代谢最终产物,由棕壳腺分泌出来,形成卤虫卵壳。调节产卵的方法:改变养殖池卤水的盐度如提高或降低盐度;降低溶氧量;化学药物刺激。

（七）捕捞加工

（1）卵的捕捞:卤虫卵在秋天采收,可直接从岸边刮取或用特制的小抄网在下风处捞取漂浮于水面或悬浮水中的卵。如果用于收集被风吹到岸边的卤虫卵,常用方形的小抄网(网眼密度上面 40 目、下面 90 目);如果用于收集水体中的卤虫卵,常用圆形的小抄网。另外,也可以池边挖坑或构筑浮栅,使卵集中在局部水体中,以便采收。刚采集的卵切忌堆积。

（2）简易加工。

①清洗:用锥形桶,先用淡水冲洗,再用卤水冲洗。冲洗的主要目的是除去杂物、卵壳及表面上的污物。

②脱水:湿卵脱水的方法是先离心,后阴干。

③晾干:在晾干过程中,要防止温度过高(不超过 40 ℃)和在阳光下曝晒(干卵一般低温贮存即可)。

Ⅱ 轮虫的培养技术

一、相关知识

海水养殖中能够进行大量培养,并用于海产动物人工育苗的仅有褶皱臂尾轮虫一种。褶皱臂尾轮虫具有适应力强、生长快、游动缓慢等特点,适合大规模人工培养,是海水动物幼体不可缺少的开口饵料。

（一）形态

褶皱臂尾轮虫为雌雄异体,一般常见的是雌性,当环境因子改变时会出现雄性个体。背甲长 100 ~ 340 μm、宽 110 ~ 200 μm、一般雌性臂尾轮虫身体的前端具有一发达的头盘,亦称头冠。其头盘上有纤毛环,并具 3 个棒状突起,其末端具有许多粗大的纤毛,称刚毛束。头冠之后的躯干部被一透明、光滑的背甲所包围,背甲前缘通常具有 6 个棘刺,中间的一对棘刺与其他两对棘刺基本等长或稍长;背甲后部正中有一开口,在被面为正方型、腹面为三角形。轮虫尾部即从此孔伸出。轮虫的尾部很长,上有环状纹、后端有一对铗状趾。生在尾基部的一对粘腺直接通到趾部,轮虫就是利用其分泌的粘液能随时附着在其他物体上。

(二)繁殖

褶皱臂尾轮虫的生长繁殖是孤雌生殖和有性生殖交替进行。当环境条件适宜时主要进行孤雌生殖,产生非需精卵(亦称夏卵)。非需精卵的壳很薄且光滑,规格为$(56 \sim 130) \mu m \times (48 \sim 96) \mu m$,成熟后不需受精就能发育成为雌体。当环境条件不适时,产生需精卵。未受精的需精卵发育成雄体,经有性生殖产生休眠卵(亦称冬卵)。休眠卵呈橘黄色,壳变厚,卵内有较大的空隙,可以度过冬季。当环境条件适宜时,休眠卵发育而成雌体。褶皱臂尾轮虫对环境的适应能力很强,其分布在温带到热带广大地区的半咸水和海水水域。褶皱臂尾轮虫喜欢有机质含量较高的水体。

(三)生态条件

褶皱臂尾轮虫最适的盐度范围为 $15 \sim 25$。褶皱臂尾轮虫一般在 $17 \, ℃ \sim 20 \, ℃$ 时出现,当水温低于 $10 \, ℃$ 时会产生冬卵,成体死亡。其最适的温度范围为 $25 \, ℃ \sim 30 \, ℃$。摄食细菌、浮游藻类、小型的原生动物和有机碎,一般大小在 $25 \, \mu m$ 以下的颗粒较为合适。

冬卵水温 $22 \, ℃ \sim 30 \, ℃$,盐度为 $20 \sim 22$,并充气孵化。孵化用水需经 150 目筛绢过滤。

二、技能要求

(1)能计数和收集轮虫。

(2)能孵化轮虫卵。

(3)能分离轮虫种。

(4)能接种、培养轮虫。

三、技能操作

轮虫的培育流程包括进水、接种、培养管理、采收。

(一)清池进水

清池方法有两种:一种为干水清池,即把池水排干,在烈日下曝晒 $3 \sim 5$ d,即可达到清池目的,如有必要,可再用清池药液,部分或全部泼洒池底和池壁;另一种为带水清池,即培养池连同池水一起消毒,按水体量加入药物杀死敌害生物,池水没有浸泡到池壁,则用清池药液泼洒消毒。药效消失后即可进水。

灌入池中的海水,必须通过 250 目或 300 目的筛绢网过滤,以清除敌害生物。池塘一次进水不宜过多,第一次进水 $20 \sim 30$ cm,随后逐步增加。

(二)接种

作为生产性培养,密度一般 $10 \sim 30$ 个/毫升,如果用酵母培养,则接种密度一般 $20 \sim 50$ 个/毫升为好。

（三）培养管理

（1）水温：轮虫适温范围为 5 ℃ ~ 40 ℃，最适温度为 25 ℃ ~ 35 ℃。温度不要忽高忽低。

（2）盐度：褶皱臂尾轮虫适宜的繁殖盐度为 10 ~ 30，而尤以 15 ~ 25 为宜。

在炎热的夏天，太阳曝晒，水分蒸发量大，造成水位下降，池水盐度增大，对轮虫生长繁殖很不利，必须进行调节。最理想的方法就是把淡水引入培养池，如果不能引入淡水也可灌入新鲜海水进行调节。

（3）合理投喂：目前用于轮虫培养的饵料主要为单细胞藻类和酵母，小球藻、扁藻等单胞藻培育轮虫营养全面，饵料效果好。由于受单胞藻培育场地的限制，在进行大规模轮虫培育时，单胞藻的量很难做到足量供给。用酵母作饵料培育的轮虫，经短时间的单胞藻或鱼肝油营养强化，也能达到很好的饵料效果。

由于轮虫食量大，轮虫摄食单胞藻的速度远远大于单胞藻的增殖速度，一般情况下，单独用单胞藻培育轮虫，轮虫密度很难达到 200 个/毫升以上。虽然采用特有的培育装置，以浓缩小球藻为饵料，培育的轮虫密度可达 1 000 ~ 2 000 个/毫升以上，但这种轮虫培育的成本过高，不易于推广。

面包酵母，1.5 克/（百万尾·日）的较高投饵量，适合于接种密度约为 50 个/毫升的褶皱臂尾轮虫培养，投饵量为 1.0 ~ 1.2 克/（百万尾·日）时，适合于 200 个/毫升以上较高密度的培养。褶皱臂尾轮虫密度达 1 000 个/毫升以上，投喂量则需进一步降低至 1.0 克/（百万尾·日）以下。褶皱臂尾轮虫接种密度低至 30 个/毫升以下时，除酵母外，适当添加一定量（1/3 以上体积）的单胞藻，可提高褶皱臂尾轮虫的增殖速度，降低褶皱臂尾轮虫培育的风险。

（4）水质：一方面需要连续充气，可以稳定和提高溶解氧，也使饵料分布均匀；另一方面要根据轮虫的生长情况和密度变化调整投饵量，这样可以稳定水质，使培养顺利进行。

可以用机械的方法清除污染物，即建造能及时排除死亡酵母及残渣的过滤设施与及时清除氨氮等污染物的设备，或者多投喂单细胞藻类，并适当地使用光合细菌，有利于改善培育水质，对降低氨氮也有一定的辅助作用，对轮虫生长有促进作用。

（5）敌害生物：在轮虫培养过程中，常见的原生动物主要是无色鞭毛虫类和纤毛虫类，其中与轮虫争食饵料的多是纤毛虫类、盾纤虫和游仆虫，有时还混有桡足类、水蚤类、丰年虫等浮游动物。

（四）采收

轮虫的密度超过 100 个/毫升时，即可采收。用面包酵母培养的轮虫缺少高度不饱和脂肪酸,这种轮虫在采收前必须用海水小球藻或鱼肝油营养强化6 ~12 h。采收轮虫时,轮虫的死亡量因密度、落差、收集容器中有无海水而有很大差异。采收轮虫经导管进入水中则可降低死亡率。

收获时,可用250～300目筛绢网制成约40 L容量的网箱,网箱高40 cm,外有一方不锈钢架支撑,网箱捆紧于不锈钢架内,张开。把网箱连同不锈钢架放在一个高为20 cm的大塑料盆中(盆中盛入新鲜海水),用潜水泵把池水抽出,经塑料软管导入网箱内过滤。管口应没入水面,避免水流太大和水温突然改变对它的冲击。

为了避免将致病菌带入育苗池,必须用过滤海水将轮虫冲洗干净或经药浴消毒后再投喂。池中轮虫也可只采收一部分,采收后立即在轮虫培养池中加入新鲜海水补回采收的水量,并继续投喂酵母,充气培养。每次培养时间一般维持15～25 d,最多30 d,然后全部采收,清池,开始新一轮的培养。

(五)注意事项

(1)水温切忌忽高忽低,如有变化及时采取有效应对措施,避免轮虫大量死亡。

(2)在培养过程中注意维持水位,保持正常的水深。

(3)在轮虫接种或采收时,盐度的升降差不能超过5,否则轮虫易大量死亡。

(4)要保证轮虫种健壮和纯净。

(5)要防止水质污染。

(6)要保证投喂酵母不过量,以免留饵时间过长而败坏水质。

实训项目六:中国明对虾的生物学观察、解剖和测定

一、相关知识

(一)外部形态

中国明对虾身体长而略侧扁,雌雄异体,成体雌虾大于雄虾,体色也有所不同,对虾的身体可分为头胸部和腹部两部分。

(1)头胸部:覆盖头胸部的背面和两侧的一片坚硬的大甲壳即头胸甲,它的前端中央有平直前伸、细长而尖利的额角俗称虾枪或额剑,具有保护眼睛和防御敌害的作用。额角侧扁,上、下缘皆有短齿,呈锯齿状。对虾属中不同种短齿数有所不同,这是分类的依据之一,头胸甲的前端、额角的下方两侧有一对复眼,呈肾形,眼柄能自由活动。口位于头胸部腹面。

（2）胸部：两侧有鳃，着生于胸部附肢基部及附近的体壁上，由头胸甲两侧包被而形成鳃腔。

（3）腹部：对虾身体的后部为腹部，较细长，相连处的甲壳薄而柔软，前后折叠，以便于体节的活动。

（4）各部的附肢均由基肢、内肢和外肢构成，基本上为双肢型。

（5）外部生殖器官：对虾的雌、雄两性均有构造特殊的交接器。雄性交接器由第一游泳足的内肢变形相连而构成，中部向背方纵行鼓起，似呈半管形；雌性交接器位于第四和第五对步足基部之间的腹甲上，开口内为纳精囊。纳精囊分为两种类型。封闭型纳精囊呈囊状或袋状，用以储藏精子，对虾属中的多数种类属此列，如中国对虾、日本对虾、斑节对虾、长毛对虾等，其中日本对虾的纳精囊为一囊状突起，开口向前；开放型纳精囊无囊状结构，如南美白对虾等。

（二）内部构造

（1）肌肉系统：对虾的肌肉为横纹肌，分布于头部和腹部，以腹部肌肉最发达。

（2）消化系统：口为消化道的开口。口后连一短的食道，食道的另一段与胃相连。胃分前、后两部分，前部为一大囊，称贲门胃，内有许多几丁质的小齿构成胃磨，行容纳和磨碎食物的功能；后部较小，称幽门胃，内有成对幽门板和无数刚毛。胃后为肠道，在其前端背面为肠盲囊。肠分为中肠和后肠，中肠细长，其末端连接后肠（直肠），后肠在尾节基部腹面开口即肛门。在幽门胃的后部、中肠前端两侧，有一对褐绿色的大消化腺即肝胰脏，被一层结缔组织薄膜包成一团。

（3）呼吸系统：对虾的呼吸器官是鳃，鳃位于胸部两侧的鳃腔内。根据鳃着生部位的不同，鳃可分为肢鳃、侧鳃、足鳃、关节鳃等4种，共25对。

（4）循环系统：对虾的循环系统为开管式，由心脏、血管、血窦等构成。心脏为肌肉质扁平囊状物，位于胸部后端背方的围心窦内，具4对心孔。由心脏发出7条动脉，每条动脉又分成许多微血管，开放到身体各部的组织间血窦内。血液无色，血浆内含有血蓝素，能携带氧气到组织。

（5）排泄系统：对虾的排泄器官是位于大触角基部的大触角腺，由囊状腺体、薄壁膀胱和排泄管组成。腺体内的排泄物主要是胺盐，也含少量尿素和尿酸，其水溶液呈绿色，故触角腺又称绿腺。触角腺可调节渗透压和离子平衡。

（6）神经系统：对虾的脑位于头部前端，由两个大的神经节合并而成。神经自脑分发到复眼和两对触角，并有一对神经通向食道周围，构成食道神经环，其后以神经索向后贯穿于躯体的腹面中央。各体节均有分支神经通向附肢、肌肉和其他器官。

（7）生殖系统：雌性生殖系统包括卵巢、输卵管和纳精囊。卵巢位于躯体背部，为并列对称的1对，呈叶片状，分为1对前叶，7对侧叶（中叶）和1对后叶。输卵管与卵巢第六侧叶相接，伸向腹面，开口于第三对步足基部内侧乳突上，即生殖孔，又称排卵孔。

雄性生殖系统包括精巢、输精管和精荚囊。精巢位于躯体背部，围心窦下方，也是并列对称的1对，分为1对前叶，8对侧叶（中叶）和1对短小的后叶，均紧贴在肝脏上面。精巢薄而透明，只在性细胞成熟时呈半透明的微白色。精荚囊是1对膨大的囊状物，各自位于第五步足基部。精荚囊接一短管，开口于第五步足基部内侧乳突上，即生殖孔，又称排精孔。许多精子在输卵管中段被管壁上所分泌的胶状物质包被，形成盘状的精小块，在精荚囊中，许多精小块被包成精荚。

（三）中国明对虾特征

中国明对虾甲壳薄，光滑透明，雌体青蓝色，雄体呈棕黄色。通常雌虾个体大，额角平直前伸，上缘基部7~9齿，下缘3~5齿。头胸甲具触角刺、肝刺及胃上刺。第三颚足雌虾指节细长，长度仅为掌节之半并接于掌节之顶端；雄者指节较长，略短于掌节，接于掌节末端侧面，掌节顶端具前伸丛毛。5对步足中前3对呈钳状，后2对呈爪状。尾肢末端为深棕蓝色并夹有红色，生殖腺在身体背面呈绿色，一般常称为青虾；雄者体色较黄，故亦称黄虾。雄性交接器略呈钟形。雌性交接器呈圆盘状，长略大于宽，中央有纵行之开口，口内为一空囊即受精囊，为交尾后贮存精液之用。

二、技能要求

（1）能识别种类。

（2）能进行生物学测量。

（3）能鉴别雌雄。

三、技能操作

（一）工具材料的准备

解剖盘、钢尺、解剖刀、镊子等；鲜活对虾。

（二）操作过程

（1）用钢尺测量全长即虾枪最前端至尾节末端的距离。

（2）用钢尺测量体长即眼柄基部至尾节末端的距离。

（3）观察外部形态，确定齿式。

（4）从对虾的尾部将附肢依次取下来观察形态。

（5）解剖观察虾的内脏器官等。

（三）注意事项

避免刺破手指，标本要求鲜活。

实训项目七：中国明对虾的亲虾选择与运输技术

一、相关知识

（一）斑节对虾

斑节对虾虾体具黄褐色、土黄色相间的横斑花纹。额角上缘齿 7～8 个，下缘 2～3 齿。额角后脊中央沟明显。有明显的肝脊，无额胃脊。第五步足无外肢。

（二）中国明对虾

中国明对虾甲壳薄，光滑透明，雌体青蓝色，雄体呈棕黄色。通常雌虾个体大，额角平直前伸，上缘基部 7～9 齿，下缘 3～5 齿。头胸甲具触角刺、肝刺及胃上刺。第三颚足雌虾指节细长，长度仅为掌节之半并接于掌节之顶端；雄者指节较长，略短于掌节，接于掌节末端侧面，掌节顶端具前伸丛毛。5 对步足中前 3 对呈钳状，后 2 对呈爪状。尾肢末端为深棕蓝色并夹有红色，生殖腺在身体背面呈绿色，一般称为青虾；雄者体色较黄，故亦称黄虾。雄性交接器略呈钟形。雌性交接器呈圆盘状，长略大于宽，中央有纵行之开口，口内为一空囊即受精囊，为交尾后贮存精液之用。

（三）日本对虾

日本对虾体被蓝褐色横斑花纹，尾尖为鲜艳的蓝色，额角微呈正弯弓形，上缘 8～10 齿，下缘 1～2 齿。第一触角鞭甚短，短于头胸甲的 1/2。第一对步足无座节刺，雄虾交接器中叶顶端有非常粗大的突起，雌交接器呈长圆柱形。成熟虾雌大于雄。日本对虾壳较厚，卵巢不透明。

（四）墨吉对虾

墨吉对虾体淡棕黄色，透明甲壳较薄，额角上缘 8～9 齿，下缘 4～5 齿。额角基部很高，侧视呈三角形，额角后脊伸至头胸甲后缘附近，无中央沟。第一触角鞭与头胸甲大致等长。性成熟的虾雌大于雄。

（五）凡纳滨对虾

凡纳滨对虾外形及体色酷似中国明对虾，成体最大个体长 23 cm，凡纳滨对虾正常体色白而透亮。全身不具斑纹，大触须青灰色，步足常白垩色。其齿式为 5～9/2～4，甲壳较薄，头胸甲短，头胸甲与腹躯之比为 1:3，尾节具中尖沟，但不具缘侧刺。凡纳滨对虾卵巢为红色。

（六）近缘新对虾

近缘新对虾体淡棕色，额角上缘6～9齿，下缘无齿。无中央沟，第一触角上鞭约为头胸甲的1/2，腹部第1～6节背面具纵脊，尾节无侧刺。第一对步足具座节刺，末对步足不具外肢。近缘新对虾的形态特征与刀额新对虾相似，不同的是其腹部游泳肢红色、雄性交接器为Y形，雌性交接器为C形。

（七）长毛对虾

长毛对虾体淡棕黄色，额角上缘7～8齿，下缘4～6齿。额角基部侧视比中国对虾高，比墨吉对虾低。额角后脊伸至头胸甲后缘附近，无中央沟。第一触角鞭比头胸甲稍长，雄虾第三颚足末节有毛笔状长毛，其长度为末第二节的1.2～2.7倍。额角脊上有断续的凹点。

二、技能要求

（1）根据各种对虾的生物学特征，能鉴别对虾的种类。

（2）根据对虾的选择标准，能选择出健康的亲虾。

（3）能采取适当的运输方法运输亲虾。

（4）能调控运输途中的氧气和水温，对亲虾能进行运输前的处理。

（5）能鉴别亲虾的成熟度。

三、技能操作

（一）选择中国明对虾的亲虾

1.工具

大盆、水桶、线手套、大拉网、插地网等。

2.操作前准备

准备好工具，检查网具有无破损、进行清洗消毒。

3.选择标准

（1）个体大，雌虾的体长20 cm以上，雄虾的体长18 cm以上。

（2）无病无伤、健壮的交配过的个体。

（3）虾体表光滑，体色发亮，附肢齐全。

（4）性腺发育正常、丰满、纵贯整个虾体背面的个体。

（5）成熟的亲虾卵巢宽而饱满，第一腹节处的卵巢特别发达，向两侧延伸下垂，卵巢前叶饱满。中国明对虾卵巢绿色或浅绿色。

4.选择场所

（1）自然海区。

①采捕产卵场成熟的亲虾。季节：春季；时间：北方在4～5月；工具：大拉网、插地网等。

②采捕处于生殖洄游期未成熟的亲虾。季节：春季；时间：北方在3月末～

4月上中旬;工具:大拉网、插地网等。

③采捕已经交配的秋虾。季节:秋季;时间:北方在 9 ~ 10 月;工具:大拉网、插地网等。

(2)人工养殖虾圈中挑选:

①已交配的虾。②未交配的虾:通过室外交尾、室内交尾、人工移植精夹使其交尾。

5. 注意事项

(1)操作中要戴手套避免伤害虾体。

(2)运输途中避免挤压亲虾。

(二)对虾的交尾操作

1. 室外交尾

挑选体质健壮,雄性精夹发育好的,雌雄比例 1∶1,每年的 10 ~ 12 月份进行,水温 12 ℃以上,变化在 12 ℃ ~ 20 ℃,每天换水 50 % 以上,每天投喂动物性饵料,按虾体重的 8 % ~ 10 % 投喂。

2. 室内交尾

挑选体质健壮,雄性精夹发育好的,雌雄比例 1∶1,水温 14 ℃ ~ 17 ℃,每天换水 70 % 以上,每天投喂动物性饵料,按虾体重的 10 % 投喂。光照 3 000 lx,密度控制在 20 ~ 30 尾/平方米,交尾的亲虾待甲壳变硬后再捞入越冬池。

3. 人工移植精夹

在亲虾进入越冬培育期不再自然蜕皮以后,至雌虾产卵前一周进行,选体长 12 cm 以上、精夹发育饱满的雄虾,左手握虾,腹部向上,右手捏住第五步足基部,双手用力先通过挤压挤出雄虾的豆状体,再用镊子将整个精夹拉出,放在消毒后的玻璃片上,然后再用镊子打开雌虾的纳精囊,用 70 % 酒精泡过的棉球消毒雌虾纳精囊表面,用消毒海水冲洗一下,把精夹的豆状体放入纳精囊内。操作时虾头应浸入海水中。

4. 注意事项

(1)精荚囊勿用海水浸泡,镊子不能划破纳精囊。

(2)握虾者切勿用力压迫对虾心脏及腮部。

(3)操作者必戴棉线手套。

(三)运输亲虾操作

1. 运输方式和工具

(1)方式:陆运、水运、空运。

(2)工具:帆布桶、尼龙袋、锯屑、纸箱、冰块、充气机和氧气瓶。

2.运输前的准备

(1)工具的消毒:配置 20×10^{-6} 的高锰酸钾或 100×10^{-6} 的漂白粉,工具消毒彻底,使用前应用海水冲洗,帆布桶应浸泡数日。

(2)锯屑低温处理:降温幅度小于 5 ℃,逐渐降温到 8 ℃~10 ℃。

3.运输方法

(1)尼龙袋运输亲虾,20 L 的尼龙袋,装 1/3 水,放 5~8 尾亲虾,虾的额角上套一段胶皮管,挤出空气,充入氧气,用皮筋把口扎好装箱运输。

(2)帆布桶运输:直径 60~100 cm 的帆布桶,装水 30~40 cm,装虾 50~80尾,充气运输。

(3)锯屑运输:要运输的对虾低温处理使之进入麻醉状态,锯屑每层厚1 cm,一层锯屑一层虾摆放好,封好,加冰袋,套上塑料袋,装入纸箱中。

4.注意事项

(1)避免风吹、日晒、雨淋。

(2)应避免高温运输,换水温差应小于 2 ℃。

(3)帆布桶运输,路途远应换水避免缺氧。

实训项目八:中国明对虾的亲虾蓄养与培育技术

一、相关知识

(一)中国明对虾的生活习性

1.盐度

中国明对虾属于广盐性虾类,适盐范围为 5~40,盐度高于 45,低于 2 会引起大量死亡。

2.温度

中国明对虾适温范围为 14 ℃~30 ℃。水温高于 39 ℃生活不正常,8 ℃以下停止摄食,5 ℃以下死亡。

3.溶解氧(DO)

中国明对虾在养殖过程中要求 DO 4mg/L 以上,对水体中溶解氧含量的反应比较敏感。

4.栖息与活动

中国明对虾喜欢栖息泥沙底,具有昼伏夜出的特点。中国明对虾长到 8~9 cm,移向深海,它的洄游期在春末夏初及秋季两次,春末夏初游向浅海产卵,冬季游向 70~100 m 深海越冬。

（二）中国明对虾的食性

中国明对虾主要是摄食小型底栖无脊椎动物,如小型软体动物、底栖小甲壳类及多毛类、有机碎屑等。要求食物蛋白质含量达 40 % ～ 45 %。养殖中主要以小型低值双壳类、杂鱼及配合饲料为主。

（三）中国明对虾的繁殖习性

中国明对虾雌雄异体,产卵期黄海、渤海为 4 ～ 6 月,珠江口为 1 ～ 4 月,产卵适温为 15 ℃ ～ 18 ℃。产卵量 50 ～ 100 万粒/尾,卵径 240 ～ 320 μm。

中国明对虾有多次发育、多次产卵现象。雌虾性腺发育成熟或接近成熟时便可产卵。产卵行为多发生在夜间,前期集中在 20:00 ～ 24:00,后期则集中在 0:00 ～ 4:00,其产卵量因个体大小及产卵时卵巢的成熟度不同而异,一般为 20 万 ～ 60 万粒,个别可达 100 万粒。产卵时,成熟卵子从雌性生殖孔排出体外的同时,贮存在纳精囊里的精子也排出体外,精子和卵子在水中受精。产卵的同时雌虾划动游泳足,使卵子均匀分布于水中,并有助于受精。产卵过程一般几分钟内完成,成熟度差的分几次完成,甚至延长到第二个夜间完成。一般前几批产出的卵子质量较好,末期产出的卵子质量较差。

（四）中国明对虾的性腺发育特点

中国明对虾性成熟较早,春季孵出的虾到当年秋季性腺开始发育,进行交尾,到第二年春季即繁殖产卵。产卵后的亲虾部分死亡,尚有部分留下能继续生长。

1. 雄虾

成熟的雄虾,在胸部第五对步足的基部可看到乳白色精荚。逐渐成熟的雄虾,先在储精囊中形成精荚膜。最初精荚膜中只含有透明的高黏度的分泌物。精子形成后由射精管输至精荚囊中去,精子越集越多,精荚的外观色泽较浅,即雄虾趋向成熟时,精荚外观由透明变为乳白色。根据这一特点可判别雄性亲虾的成熟度。雄性通过交配将精荚送入雌性纳精囊里。雄性性成熟后可反复产生精荚,进行多次交尾。

2. 雌虾

当年成长的雌虾,性腺在翌年春季成熟。从卵巢组织及外观观察可将卵巢发育分为六期。通过甲壳用肉眼观察卵巢的色泽变化及形状改变能够清楚区别。

（1）未发育期:卵巢纤细、透明、不易观察到。此期卵巢正处于旺盛的增值时期,卵巢内细胞小,细胞核呈圆形,较大,细胞质稀薄。属于交配前期。质量小于 1 g。

（2）发育早期:卵巢体积增大,呈白浊及淡灰色。外观隐约呈细带状。卵巢内卵细胞的细胞质增多,核仍较大。1 ～ 6 g。

(3)发育期:此期又分为小生长期和大生长期,小生长期主要是原生质的积累,大生长期主要是卵黄的积累。卵巢体积明显增大,呈淡黄至黄绿色,外观轮廓清晰,后叶呈明显带状。卵细胞内细胞质增多,出现卵黄粒。6～12 g。

(4)成熟期:卵黄达到最大丰满度,呈深绿带灰或褐绿色。背面棕色斑点增多,表面龟裂突起;后叶腹部第一节呈方形突出,腹部第二节呈三角形突出。卵黄粒粗大而圆。卵细胞近圆形,巢体明显增长为棒状,呈辐射状排列。产卵活动开始。15～20 g。

(5)衰复期:产卵后卵巢萎缩,外观呈黄白色。外形接近前期的隐约轮廓。卵黄内有新生卵母细胞。2～3 g。

二、技能要求

(1)能进行水质因子和生物因子的测定。

(2)能培育亲虾进行亲体的日常管理。

(3)根据虾的生活习性和繁殖特点,能确定亲虾的发育程度。

三、技能操作

(一)培育前的准备

(1)培育工具的准备:滤水网、换水网、手操网,专池专用,避免交叉感染。

(2)培育池的浸泡与消毒:20×10^{-6}的高锰酸钾,50×10^{-6}～100×10^{-6}的漂白粉消毒,用过滤海水冲洗干净,放过滤海水 1 m 浸泡。

(3)培育用水的消毒:有效氯20×10^{-6}的高锰酸钾处理 10～12 h,用 35g/m³硫代硫酸钠处理、沉淀过滤、加温后使用。

(4)虾体的消毒:200 mL/m³的福尔马林浸泡 1～2 min,或用 10 g/m³的高锰酸钾浸泡 3～5 min。

(二)蓄养方式

(1)大眼网箱中蓄养:面积为培育池底的 1/2～2/3,密度 15～20 尾/平方米。

(2)直接放入水泥池中蓄养。

(三)培育管理

(1)放养密度:在充气条件下,前期 20～25 尾/平方米,后期密度为 10～15尾/平方米。

(2)控制光线:亲虾在越冬期适合弱光,喜栖于较暗的地方。将光照控制在500～2200 lx。

(3)控制水温:中国明对虾天然越冬场的水温变化范围在 6 ℃～10 ℃之间,人工越冬亲虾的水温,一般控制在 7 ℃～9 ℃。越冬期间水温不宜过高,也不要变化过大,以免导致亲虾蜕皮失去精荚。逐渐升温培育,升温幅度 0.5 ℃

左右,升满 1 ℃后需稳定 2 ~ 3 d,再升温培育。中国对虾直至升到 14 ℃ ~ 16 ℃,日本对虾 20 ℃ ~25 ℃,长毛对虾为 24 ℃以上就可以采取催产措施。

(4)饵料投喂:最好喂沙蚕、贝类等鲜活饵料,也可投少量的鱼肉。投饵量应随水温变化而增减。低温时少喂,翌年春季随着水温逐步升高而增加投喂量。日投饵量控制在越冬亲虾总体重的 5 % ~ 10 %。一天饵料量可分 2 ~ 3 次投喂,早晨、下午和晚上可按 2:2:3 的比例投饲。

(5)水质控制:在培育亲虾的过程中,必须按时充气和定期换水、定时吸污。10 ~ 15 d 倒池子一次。及时拣出死虾。每天换水 1 ~ 2 次,每次换 1/5 ~ 1/3。

(6)控制充气量:每天大波充气。

(7)日常观测:每天观测水质因子和生物因子,做好记录。水质因子测量包括温度、盐度、溶解氧、酸碱度、氨氮等的测定,生物因子的测定主要有以下两方面:

① 对虾的状态观察:看活力、运动状态、摄食状况、体色、体表。

② 水样的观察:观察敌害生物的有无,包括原生动物、桡足类以及裸甲藻。

(四)注意事项

(1)换水前后注意温差的变化:换水前先测量水温,将要注入的海水先进行预热,待两者水温接近时再注入水池。温差应小于 2 ℃。

(2)保证充足的氧气:当水中溶解氧低到 1.32 ~ 1.96 mg/L 时,表明水质严重恶化。

(3)维持酸碱平衡:控制 pH 值为 7 ~ 8。培育亲虾应特别注意水中的氨氮含量。

(4)操作要小心,避免虾体受伤。

(5)饵料一定要鲜活,避免投入变质的饵料。饵料投放前用聚维酮碘 20 mL/m³ 或甲醛溶液 200 mL/m³ 浸泡消毒 20 分钟后用洁净水冲洗干净再投喂。

实训项目九:中国明对虾的催产孵化技术

一、相关知识

(一)X 器官的作用

对虾的眼柄中有一种器官叫 X 器官,里面有抑制性腺发育的激素,摘除眼柄后,抑制作用消失,性激素释放出来,促进性腺的发育。摘除一侧眼柄可达到催产的目的。

(二)中国明对虾的胚胎发育

中国明对虾刚产出的卵形状不规则,略呈三角形,随后呈圆球形,卵径 240

~320 μm。受精卵内部分泌一种胶状物质,吸水膨胀而形成透明的受精膜,为沉性卵。

受精卵的发育过程大致可分 6 个时期,即细胞分裂期、桑葚期、囊胚期、原肠期、肢芽期和膜内无节幼体期。受精卵发育速度与水温等条件有关,当水温 18 ℃ ~19.9 ℃时,经 33 ~36 h,受精卵便发育并孵出长约 330 μm 的无节幼体。水温 21 ℃时,孵化需 24 h;水温 23 ℃时需 18 h。

二、技能要求

(1)能收集受精卵并能进行洗卵操作。

(2)能进行催产与孵化操作。

(3)能计算受精率和孵化率。

(4)能调控产卵与孵化环境条件。

三、技能操作

(一)催产技术

1. 催产方法

X 器官功能控制:日本对虾升至 27 ℃ ~28 ℃,中国对虾温度升到 16 ℃ ~18 ℃,南美白对虾升至 23 ℃ ~28 ℃时,通过摘除单侧眼柄(左眼或右眼)促进虾批量地产卵排精。摘除眼柄一般有烫灼和挤压两种方法。前者用烧热的金属镊子夹烫眼柄,后者用手指挤压眼柄。这两种方法比刀切效果好。

2. 做好准备

准备好煤气灶、镊子、剪刀、水盆、塑料桶、消毒药品、棉纱手套等。

3. 切除眼柄

操作者带上棉手套,左手握虾,右手将镊子烧红,迅速用烧红的镊子摘掉眼柄,然后将虾放入消毒药水中泡 5 min。

4. 注意事项

(1)操作要带手套。

(2)操作要迅速,动作要干净利索。

(3)防止对虾四处蹦跳。

(二)受精卵的收集操作

1. 准备工作

(1)育苗池的消毒。

(2)进水的处理:先向育苗池放入砂滤水或经 150 目筛绢过滤的水。水深 0.5 ~1 m,水温调至该种虾产卵的适宜温度,并进行充气,充气量应为每分钟占池水体积的 1 %。

(3)亲虾入池前的消毒:可采取以下任意一种方法。

① 200 mL/m³ 福尔马林浸泡 1 ~ 2 min。

② 10 × 10⁻⁶ 的高锰酸钾浸泡 3 ~ 5 min。

③ 50 mL/m³ 的聚维酮碘浸泡 10 min。

2. 产卵方法

（1）育苗池产卵：专用的亲虾产卵池，20 ~ 50 m³，水深 70 ~ 80 cm，亲虾密度 10 ~ 15 尾/平方米左右。亲虾产卵后用虹吸或放水集卵，及时将收集的卵子移入育苗池孵化。

（2）网箱产卵：用 80 ~ 120 目的筛绢布制成四壁相围、下有底、上无盖的网箱，底面积 2 ~ 6 m²，高 1 m 左右。将网箱配置在网箱架上，放置于水池中。20 尾/平方米左右，然后将产卵亲虾移放在网箱内产卵，产卵后捞出亲虾，留卵在箱中孵化。

（3）产卵池产卵：水深 50 cm，按 10 ~ 15 尾/平方米的密度将亲虾移入产卵池，水面适量充气，待产的卵达到所需数量时，把亲虾捞出，进行吸污，消除亲虾排泄物、残饵和死卵等，并进行洗卵工作，产卵后即停止充气并进行换水。换水后调节水温至该种卵孵化的适宜水温。

3. 受精卵的收集与洗卵

（1）药液洗卵：30 目筛绢滤去粗的颗粒，在 80 目袋中冲洗 1 ~ 3 min，网袋浸入药液 1 ~ 2 min，用消毒海水冲洗 1 min，等待孵化。

（2）原池洗卵：停气，等卵下沉后用虹吸法排水，当水位降至 20 ~ 30 cm 时，用手抄网捞去赃物和浮沫，加入等温的新水。重复 2 ~ 3 次，再恢复充气。

（三）受精卵的孵化操作

1. 孵化方法

受精卵孵化期间的水温控制在 18 ℃ ~ 20 ℃，约经 30 h 孵出无节幼体，密度可达到 50 万尾/立方米左右。微量充气，水深由原来的 1 m 逐渐加满，可以打耙。暗光控制。

2. 注意事项

（1）密度要适当，不要太高。

（2）气泡量不能太大，否则卵膜易破碎。

（3）如果出现病菌，可以用抗生素处理。

实训项目十：中国明对虾的幼体培育管理技术

一、相关知识

（一）无节幼体的特征

对虾无节幼体呈卵形，平均体长 0.35～0.51 mm，体不分节，体前端腹面有一红色眼点，仅具 3 对附肢，第 1 对附肢单型肢；第 2、3 对附肢双肢型，尾端有成对的尾棘，无完整的口器和消化器官，故不能摄食，靠自身的卵黄为营养。无节幼体分 6 期，经 6 次蜕皮变态为溞状幼体。在水中间歇式运动，动则上浮，停则下沉。

（二）溞状幼体的特征

体躯前部宽大，后部细长，体躯分节，具 7 对附肢。平均体长 1.0～2.3 mm，具头胸甲和一对复眼。出现较完整的口器和消化器官，开始摄食。前期摄食浮游植物，后期摄食浮游动物。溞状幼体分 3 期，共蜕皮 3 次而发育成糠虾幼体。在水中作蝶泳式运动。

（三）糠虾幼体特征

头部和胸部紧密愈合，构成宽大的头胸部。平均体长 2.8～3.5 mm，头胸部和腹部分节明显。腹部附肢先后开始生出，已初具虾形。头胸甲上眼上棘、触角棘、颊棘和肝上棘长出。尾节的后部宽于前部。尾棘逐渐缩短。第二触角的外肢形成鳞片，内肢形成第二触角鞭。摄食浮游动物为主，糠虾幼体分 3 期，共蜕皮 3 次而发育成仔虾。幼体在水中呈倒立状态，有时会弹跳。

（四）仔虾的特征

仔虾又称幼体后期，外形与幼虾相似。平均体长 3.8～20 mm，交接器逐渐形成，在第一触角基部出现了平衡器，故能作水平运动。触角的上下缘小刺出现且逐渐增多，尾棘逐渐消失。步足内肢逐渐增大，外肢逐渐退化。游泳足外肢不断增大，内肢逐渐出现和增大，运动主要靠游泳足。初期摄食浮游生物，4、5 期后转为摄食底栖小生物。前期水平游动，后期转入底栖活动。每天一期，需 14 次蜕皮变态。

二、技能要求

（1）能鉴别幼体的形态，判断幼体的状态。

（2）能培育各期幼体。

（3）能计算幼体的成活率。

（4）能调控幼体发育所需的环境条件。

（5）能检测幼体的摄食状况，能调控投饵量。

（6）能调节幼体培育的密度。

表1－2　中国明对虾幼体的形态与状态

种类	静态特征	动态特征	食性	条件	图片
无节幼体（6期）	体不分节，三对附肢。0.35～0.51 mm	活动在水中上层，肢体如鸟翅，有趋光性，间歇运动	不摄食，靠卵黄营养	温度为18℃～25℃盐度为24～35	
溞状幼体（3期）	体分节，七对附肢，1.0～2.3 mm	有趋光性，腹部摆动有力，翻转灵活，拖带粪便能断弃。连续穿跃式游动	摄食小的浮游植物、小的动物	温度为20℃～25℃盐度为25～37	
糠虾幼体（3期）	腹部与胸部分离，腹部附肢出现，2.8～3.5 mm	身体有花纹，粗壮，在水中头朝下，呈倒立状。向后方游动	摄食较大的浮游动植物	温度为22℃～25℃盐度为25～39	
仔虾（1～14期）	初具虾形，各器官趋于完善，3.8～20 mm	水平游动，弹跳有力，对刺激反应灵敏	初期以浮游动植物为食，逐渐转向底栖动植物	温度为22℃～26℃盐度为16～39	

三、技能操作

（一）鉴别幼体

1. 工具的准备

烧杯、吸管、显微镜、凹玻片。

2. 鉴别幼体

（1）先鉴别静态标本：取少量标本放入凹玻片中，放入载物台上，先调节粗调螺旋，再调节微调螺旋，按幼体的特征，鉴别幼体。

（2）动态幼体的鉴别：学生可通过多媒体演示幼体运动状态进行鉴别，也可以到实训室观察鉴别。

3. 注意事项

(1)注意镜头不要浸入水中。

(2)注意安全,避免弄坏仪器设备等。

(二)培育幼体

培育方式有网箱育苗、土池育苗、室内水槽育苗、室外水泥池育苗和室内水泥池育苗等几种。室内水泥池育苗是工厂化育苗的基础,也是我国目前育苗的主要形式。育苗在温室内的水泥池中进行,可根据幼体发育的需要进行控温、调光和充气,人为控制环境条件的程度较高。

1. 培育无节幼体

(1)光线:暗光培育。

(2)温度:中国明对虾温度控制在 20 ℃ ~23 ℃,日本对虾 28 ℃。

(3)气体:加大充气量,水面呈微沸腾状,使溶氧量在 4 mg/L 以上。

(4)水质:pH 值为 7.8 ~8.6、盐度为 25 ~35,每天换水量为培养水体的 1/5 ~1/3。

(5)饵料:当无节幼体发育到 Ⅱ ~ Ⅲ 期,在池内施肥接种单胞藻类(小硅藻、三角褐指藻或角毛藻)。接种量为每毫升 1 万 ~2 万个细胞,日施肥量控制氮肥 1×10^{-6} ~5×10^{-6}(氮磷铁的比例为 10:1:0.1),繁殖量接近每毫升 15 万个细胞时应暂停施肥。

(6)注意事项:

① 控制光线,避免强光刺激,否则由于幼体具趋光性,造成局部缺氧死亡。

② 少量换水,换水的温差小于 2 ℃ 为宜。无节幼体在 20 ℃ ~23 ℃ 约经 3 天变态为溞状幼体。

2. 培育溞状幼体

(1)光线:光照强度可加强。

(2)温度:中国明对虾温度控制在水温提高到 23 ℃ ~ 25 ℃,日本对虾 28 ℃。

(3)气体:加大充气量,水面呈沸腾状,使溶氧量在 4 mg/L 以上。

(4)水质:pH 值 7.8 ~8.6、盐度 25 ~35,每天换水量为培养水体的 1/3 ~1/2,每天两次。

(5)饵料:单细胞藻类量为每毫升 15 万 ~20 万个细胞,溞状幼体第二期时适量投入轮虫少量;第三期时可投喂少量刚孵出的卤虫幼体,每尾溞状幼体 2 ~3 尾/日。生物饵料不足时,可辅以豆浆(浓度为每日 10×10^{-6} ~20×10^{-6}),或者豆浆 3×10^{-6} ~8×10^{-6},酵母 3×10^{-6} ~5×10^{-6}。

(6)注意事项:

① 溞 Ⅰ 期代用饵料需用 150 目筛绢过滤,溞 Ⅱ、Ⅲ 期代用饵料需用 120 目

筛绢过滤。

②在水温23 ℃～26 ℃时,经3～4 d完成3次蜕皮而发育成糠虾幼体。

③轮虫、卤虫投喂前需要消毒处理,以免带入病菌。

3.培育糠虾幼体

(1)光线:光照强度可加强。

(2)温度:中国明对虾温度控制在水温提高到25 ℃～26 ℃,日本对虾28 ℃～30 ℃。

(3)气体:进一步加大充气量,水面呈沸腾状,使溶氧量在4 mg/L以上。

(4)水质:pH值7.8～8.6、盐度25～35,每天换水量为培养水体的1/2～1。

(5)饵料:糠虾幼体的食性转换为以动物性饵料为主,但单胞藻类仍需保持一定数量(2万～3万个细胞/毫升),糠虾幼体Ⅰ期时,可按1尾糠虾幼体每日10～20个卤虫无节幼体数量投喂,Ⅱ～Ⅲ期为20～30个。活饵不足时可继续投喂豆浆、蛋黄、酵母、虾粉、贝类肉、鱼肉、蛋羹等,也可投喂贝类担轮幼虫或微粒配合饵料。

(6)注意事项:

①需及时清除池底沉积物。

②搓饵网目80～60目。

③糠虾幼体在水温25 ℃～26 ℃时,经3～4 d完成3次蜕皮而发育成仔虾。

4.培育仔虾

(1)光线:适当加强。

(2)温度:前期水温控制在26 ℃,虾苗出池前2～3 d,要使水温逐步下降,以便降至室温时出苗。日本对虾28 ℃～30 ℃。

(3)充气:沸腾装充气,保证仔虾所需的溶氧。

(4)水质:pH值7.6～8.8、盐度为20～35,每天换水量为培养水质的2/3～1。每天两次换水。

(5)饵料:仔虾的摄食量明显增大,前期仔虾(Ⅰ～Ⅲ期)每尾每天可食卤虫幼体80～120尾,以后每增加1日龄需增加50尾卤虫。卤虫幼体供应不足时,可投喂绞碎、洗净的小贝肉或豆饼粉、花生饼粉或微粒配合饵料,要少投勤喂,尽可能减少残饵。前期搓饵网目60～40目,后期40～30目。

(6)防病:为抑制育苗过程中细菌繁殖,自无节幼体起,需每天或隔日施放土霉素,浓度为0.5×10^{-6}～1×10^{-6}。一旦发生病害或原生动物大量繁殖,则要加大换水量。

(7)注意事项:

① 换水过程动作要轻,以免虾体受到伤害。

② 注意工具的消毒与隔离。

③ 仔虾通常在池中培养到体长 1～1.2 cm 可以出池。

实训项目十一:中国明对虾的虾苗出池与运输技术

一、相关知识

(一)健康虾苗的特征

虾苗除抽样进行病毒检疫外,应选用全长 1cm 以上、虾体肥壮、游动活泼、身体透明、不粘有脏物无病者。身体瘦弱、无力跳动、肝脏和消化道白浊、体色发红等均属病虾。

(二)虾苗的特性

(1)虾苗呈水平运动、活动敏捷,对刺激反应灵敏。

(2)虾苗早期多活动于水的中上层,随着体长增加便又逐渐转入底部活动。

(3)杂食性,以动物性食物为主,个体渐大后常集群沿边觅食,具把食习性,虾苗密集时也常出现相残现象。

(4)对淡水有一定敏感性,表现出一定程度的趋淡性。对盐度变化适应性表现为对低盐的适应能力强,虾苗经过逐级过淡处理可在低盐水中生活。

(5)虾苗耐干能力较强,体长 0.7～1.0 cm 的虾苗离水后 5 min 并无不良影响。

(6)水温在 14 ℃以上、温差在 2 ℃以内虾苗无不良反应。

(7)仔虾对盐度的突变适应能力较强,但突降幅度不能大于 17,突升盐度差不能超过 10。

(8)虾苗对挤压耐力差。

(9)小虾苗成活率较低。

二、技能要求

(1)能测量出池规格与体重。

(2)能进行虾苗出池操作。

(3)能计数虾苗。

(4)能用各种方法运输虾苗。

(5)能处理运输过程中出现的问题。

三、技能操作

(一)虾苗出池操作

1.方法

出苗时停气放水,可通过虹吸管排出池水的 1/3 ~ 2/3,留池水深为 30 ~ 40 cm 时放水集苗,用 40 目网箱放入地沟中收集虾苗。

2.注意事项

(1)集苗时注意水流速不能太大,防止损伤虾苗。

(2)虾苗在暂养桶中密度不宜太大,计数要迅速。

(二)虾苗计数操作

1.带水容量计数

将收集出的虾苗放入盛苗容器(木桶、帆布桶或塑料桶),并计量其容器内水体体积,然后轻搅水体使其中虾苗分布均匀,用定量烧杯随机取样,重复三次,每次各取一杯。将三杯中虾苗逐个倾泻计数,统计出定量烧杯中虾苗平均数,再计算出单位体积的虾苗数,根据盛苗容器水体计算出虾苗总数。

2.无水容量计数

计数时将虾苗置于网箱暂养,用小容器(小烧杯、网、勺)迅速取样,计数小容器内虾苗数,此后就用它作量具,根据所需虾苗数逐一从网箱内取苗。

3.称重计数

计数时先将少量虾苗装入细目网袋内,沥去水分后装入容器中称量,称出 50 g 虾苗并计量其尾数,反过来根据所需苗数一次称取虾苗。但称重时不要一次称太多,以免虾苗积压造成伤亡。

(三)虾苗的包装

1.帆布桶或大型塑料桶

帆布桶或大型塑料桶等工具在使用前需严格消毒处理,盛水 1/3 ~ 2/5,一个 0.1 m³ 的帆布桶可盛体长为 0.7 ~ 1.0 cm 虾苗 8 万 ~ 10 万尾,途中可充气增氧,运输中间培育的大规格(2 ~ 3 cm)苗种,密度则为 4 万 ~ 5 万尾。

2.聚乙烯薄膜袋

一个容量 30 L 的袋内盛水 1/5 ~ 1/3,放苗 2 万 ~ 4 万尾后,挤出空气,充满氧气,扎紧袋口,聚乙烯薄膜袋置于纸箱或桶内便可运输,一般 12 h 以内成活率可达 90 % 左右。

(四)虾苗运输

1.运输方法

视路程远近及交通条件确定陆运、水运或空运。船运装载量有利于途中操作,如果航途中水质条件适宜,尚可换水和投喂,也应谨防油污。用聚乙烯油膜袋盛苗充氧适于空运,车、船运苗也可使用。

2.注意事项

(1)混浊或已经污染的海水不能用于运苗。

（2）个体大小相差悬殊的虾苗不宜同时放入一个容器内运输。

（3）运输时水温不宜超过 25 ℃，必要时使用冰块隔层降温或使用冷藏车等降温措施。

（4）装苗之桶、袋等在重复使用时应清洗干净，以免污染水质引起虾苗死亡。

（5）力争直运、快运，缩短运输时间，避免中转误时。

（6）超过 12 h 的长途运输应在中途重新充氧。

（7）车运最好避开炎热中午，避免日晒雨淋。

实训项目十二：中国明对虾的幼体病害防治操作

一、相关知识

（一）细菌病

（1）症状：由弧菌、丝状细菌引起的，幼体活力明显下降，趋光性减弱，腹部弓起，体色发白，不摄食。显微镜观察血腔中有大量的弧菌。

（2）预防：避免机械损伤，工具的消毒与隔离，幼体密度适当。

（3）治疗：$3 \times 10^{-6} \sim 5 \times 10^{-6}$ 土霉素每日泼洒一次，连续三天。

（二）真菌病

（1）症状：幼体活力明显下降，趋光性减弱，下沉死亡。

（2）预防：严格处理好育苗用水，及时清除死卵和死亡幼体。

（3）治疗：制霉菌素 $8 \times 10^{-6} \sim 10 \times 10^{-6}$ 全池泼洒，连泼 $1 \sim 2$ 次，或全池泼洒 0.01×10^{-6} 氟乐灵。

（三）病毒病

（1）症状：肝脏、肠道变白，幼体活力明显下降，发病快，短时间大量死亡。

（2）预防：严格消毒和洗卵。

（3）治疗：无治疗措施。

（四）纤毛虫病

（1）症状：由聚缩虫、钟形虫、累枝虫等纤毛虫引起的幼体蜕壳困难、生长缓慢、游动减弱、摄食困难。

（2）预防：投适量优质的饵料，保持清新的水质，增强幼体的体质，促使较快蜕壳变态。

（3）治疗：通过蜕壳和改善水质自愈。通过迅速提高水温 2 ℃ 左右，使幼体蜕壳，然后吸污，去掉随壳沉入池底的虫体。

（五）畸形病

（1）症状：幼体尾棘弯曲、短小、萎缩，游动无力，沉入水底。

（2）预防：保持良好的水质环境,适宜的温度。

（3）治疗：用 $5 \times 10^{-6} \sim 10 \times 10^{-6}$ 乙二胺四乙酸钠盐中和重金属离子。

（六）气泡病

（1）症状：幼体体内有气泡,浮于水面,幼体消化道、血腔都可见气泡。

（2）预防：防止温度忽然升高。

（3）治疗：应立即换入温度稍低、空气不饱和的新鲜海水。

二、技能要求

（1）能判定幼体的状态。

（2）能预防病害。

（3）能遵守国家的法律法规,严禁用禁药。

（4）保护环境,维持生态平衡。

三、技能操作

（1）通过手电筒照射观察幼体的状态。

（2）用烧杯取样肉眼观察幼体状态。

（3）将幼体放在显微镜下检查。

（4）得出结论。

（5）采取相应的措施。

模块二
中国明对虾的池塘养成技术操作技能

实训项目一:池塘的处理操作

一、相关知识

（一）清塘目的

清塘目的是彻底清除塘内一切不利于对虾生活和生长的因素。

虾塘中的残饵、对虾排泄物、动物的尸体、有机碎屑、死亡的藻类、枯死的水草以及沉积的泥沙等是形成淤泥的基础,也是造成虾池老化和低产的原因之一。大量有机沉积物在冬季分解很慢,翌年水温升高后被大量分解,既消耗大量溶解氧、又产生各种有毒物质,轻则影响对虾生活和生长,并导致病菌繁生、虾病蔓延,重则直接造成对虾死亡。

（二）除害目的

除害目的是杀死虾塘内对虾的敌害生物。敌害生物包括致病生物、竞争性生物、捕食性动物以及其他有害生物。致病生物包括病毒、细菌、一部分真菌和原生动物,此外还有一些寄生动物。

二、技能要求

（1）掌握池塘清淤的方法。

（2）掌握池塘除害的措施。

（3）掌握清塘药物的使用方法。

三、技能操作

（一）清淤措施

（1）对虾起捕后开闸放水带走部分有机沉积物。

（2）排出池水、封闭水闸,使塘底冰冻日晒。

（3）养过1~2年的虾塘应将滩面翻动一下,翌年开春后再反复注排水浸洗泡池 2~3 次,每次持续 7~10 d。

(4)视塘底污染程度,必要时组织人力或使用机械(吸泥泵)将淤泥清除出池外,上述工作也可结合修理塘坝、清理沟渠进水。

(二)敌害生物的防除措施

(1)收虾后将塘水排空,冰冻和日晒一冬,让各类生物基本死去。

(2)翌年注水时,闸门设置严密滤水网,防止有害生物进入。

(3)虾苗放养前施放药物毒杀敌害生物,也即药物清塘。

①茶籽饼:$15 \times 10^{-6} \sim 25 \times 10^{-6}$ 粉碎后用水浸泡几小时,稀释后连带渣子泼洒。药效时间 2~3 d。

②漂白粉:$50 \times 10^{-6} \sim 80 \times 10^{-6}$ 先用水调成糊状,再加水稀释泼洒。药效时间为 1~2 d,避免使用金属器皿。

③生石灰:,池水保持 10 cm 左右,生石灰 $375 \times 10^{-6} \sim 500 \times 10^{-6}$ 可干撒,可用水化开全池泼洒,第二天用耙子将塘泥搅合一遍,药效 7~10 d。

④敌百虫:溶于水后泼洒,药效 10 d 左右。

(三)投药时应注意

(1)选择速效药物,药性在几天内分解消失,不留残余。

(2)清塘应选择晴天上午进行,可提高药效。

(3)清塘前要尽量排出池水,塘内留 30 cm 左右水即可,根据剩余水体和用药浓度精确计算用药量。

(4)顺风施药,可借助风力泼洒均匀。

(5)药物下塘后不断搅水,做到边泼洒、边与积水均匀混合。

(6)注意虾塘死角、积水边缘、坑洼处,洞内亦应洒。

(7)注意用药安全,使用时带口罩与手套,避免与人身体接触。

(8)用过的器具要及时清洗。

实训项目二:养殖用水的处理操作

一、相关知识

对虾的养殖效果取决于能否正确处理好对虾与池塘中物理、化学和生物环境因子的相互关系。养殖池塘就是一个生态系统,包括非生命成分和生命成分。生产者植物,消费者各种动物,分解者细菌和真菌构成池塘的生命成分;太阳辐射能量及其他物理因素,参加物质循环的无机物和化合物,联结生物和非生物部分的有机物构成非生命成分。要维持池塘的生态平衡,就要对老化池塘进行处理,处理进水,保证水质,培养饵料生物,调控底质。

二、技能要求

(1)熟知虾苗的特性。

(2)根据虾苗的特性准备养殖用水。

三、技能操作

(一)过滤进水操作

药物毒性消失后1~2 d便可开闸进水。进水前先装好闸网,网槽可安装网目1 cm平板网,以阻拦浮草杂物。内闸槽一般安装网长为网高的6~8倍,一般为8~12 m锥形网,网目宜用40~60目,每次进水应根据过滤网所承受压力决定闸扳开启高度,以免冲破闸网进入敌害生物。进水达到内、外水位之间时要及时关闸,以免池水倒灌将网反冲到闸底,导致关闸不严而漏水进入敌害。

(二)注意事项

(1)每次开闸进水前,务必检查网口是否扎紧,网衣有无破损或脱线,发现后应及时修补或更换。

(2)过滤进水后将锥形网末端扎好,过滤网晾干,以备下次再用。

(3)进水前应将锥形网(袖子网)末端用绳系扎,关闸后将过滤网末端提起,解开扎口倒出过滤杂物,因其中有小型敌害生物,不可倒入虾塘而应放入事先备好的桶内。

实训项目三:饵料的移殖与培养技术

一、相关知识

清池、进水后可以施肥、引种培养基础饵料。施肥坚持少而勤,做到"三不施",即水色浓不施、阴雨天不施、早、晚不施(中午施),常用氮肥有尿素、硫酸铵等;磷肥有过磷酸钙、汤姆斯磷肥。

蜾蠃蜚是潮间带穴居生活的端足类动物,体长一般为0.5~1.0 cm,形似虾蛄,身体背腹扁平,有群居习性,涨潮时出穴觅食,繁殖期长,每次抱卵80~102粒。可作为对虾的饵料,但注意,蜾蠃蜚也能捕食小虾苗。

二、技能要求

(1)掌握池塘施肥方法。

(2)掌握池塘移植饵料生物的方法。

三、技能操作

1. 施肥繁殖基础饵料生物操作。

氮、磷之比为 10∶1;施肥时需将氮肥和磷肥分别加水搅拌、稀释,再均匀泼洒,前期 3～5 d 施肥一次,后期 7～10 d 施肥一次,使水保持黄绿色或浅褐色。有机肥可施用鸡粪、牛粪,亩放 100～200 kg,分 2～3 次投入。

2.移植生物饵料操作

繁殖饵料生物可从清池进水开始直至放苗后 10 天内都可进行。首次进水不宜太深,20～30 cm 即可,这样可充分利用光照条件,也可减少施肥量。

2～4 月间,刮风的夜里,涨潮时,在盐场的储水池和河口,用小滩网、挂子网采捕裸蠃蜚,等 3 月底或 4 月初便可移入虾塘,接种繁殖,每亩放养 5 kg 以上。

3.注意事项

(1)移殖时切忌在引种时带进敌害。

(2)移殖后的池塘要放养大苗。

(3)施肥培养饵料时,进水不能大于 1 m。

(4)一旦发现大型绿藻和沟草发芽,应设法清除。

实训项目四:中国明对虾虾苗的放养技术

一、相关知识

(一)虾苗生长特性

虾苗在良好条件下生长快,前期 6～7 月中旬日平均体长增长可达1.5 mm,中期 7 月下旬～8 月上旬日平均体长增长可达 1.0 mm,8 月中旬～10 月上旬日平均体长增长可达 0.8 mm,10 月下旬日平均体长增长可达 0.6 mm。

(二)中间培育技术

中间培育是指育苗场的虾苗先行密集强化培育,待虾苗体长达到 2～3 cm 或更大时经计数后再放入虾塘饲养,培养大规格苗种、提高成活率。

中间培育一般以土池为好,面积为养成池的 1/5～1/10,水深 0.8～1.2 m。培育池的工作包括清除敌害、过滤进水、施肥繁殖基础饵料,放养密度 10 万～20 万尾,饵料以鲜贝肉为好,切碎或绞碎,经洗后投入池中,也可投剁碎的小鱼、小虾或投喂卤虫。经过 15～20 d 培育,虾苗体长可达 3 cm 以上。虾苗处于生态安全期,即可放入池塘。

也可以用 40 目筛绢做成 2 m×1 m×1 m 网箱,放置到养殖池内,虾苗密度 2 000～3 000 尾/立方米,在网箱内充氧,投喂饲料培育。投喂专业饲料,每天投喂 6～8 次,按体重的 100%～150%投喂,水质管理包括换水、充气、投放水质改良剂等。

（三）虾苗淡化处理

在河口低盐水域养虾,育苗盐度一般都在 25～30,而河口地区盐度波动较大,在虾苗下塘之前需进行过淡处理才能提高其成活率。

一般来说,虾苗淡化不宜大风天气,不宜在运输途中,一般应在一天左右,盐度递差以不超过 5～6 为好,使用的淡水可取无毒过滤的池塘水、若取用自来水,务必经过曝气处理无害时方可使用。

二、技能要求

(1)掌握虾苗放养方法。

(2)清楚放苗的注意事项。

三、技能操作

1. 放苗前水质监测结果应满足的条件

(1)虾塘内滩面水深应达 40～70 cm。

(2)水温度应在 14 ℃以上。

(3)育苗池水和虾塘水盐度差别不超过 5 %。

(4)pH 7.8～8.6。

(5)虾苗体长达到 0.7 cm 以上。

2. 放苗密度确定

密度取决于苗种规格、虾塘面积、池水深浅、池底状况、换水条件、饵料种类、饲养方式,放苗量亦可参考下列公式来计算:

$$放苗密度 = \frac{计划亩产量(kg) \times 要求养成 1kg 时的尾数}{预计养殖成活率}$$

式中,计划亩产量可参照邻近地区历年产量养成 1 千克虾的尾数,可按 30～50 尾(体长 12～15 cm)计;成活率以 50 %～70 % 计,中间培育虾苗以 85 % 计算。

一般情况下,精养虾塘在虾苗质量好、换水条件优越、饵料保证、饲养管理水平高的条件下,每亩放苗量可在 2 万尾左右(不宜超过 2.5 万尾),经过中间培育的虾苗(体长 2.5 cm 左右)每亩放养量控制在 8 000～12 000 尾之间,因各地情况不同,条件颇有差异,可在一定幅度内调整。

3. 放苗操作

在晴天 10 时左右或傍晚,在池塘的上风头,将运输来的虾苗连带塑料袋一起放入水中,缓苗。当袋内、外水温接近时打开塑料袋,将苗缓慢放出。

4. 注意事项

(1)放苗地点要选择虾塘避风一边,避免在浊水或闸门附近放苗。

(2)一个养虾塘,苗种应一次放足,避免多批次放苗。

（3）虾苗在放养时要重新计数,并力求准确。

（4）放苗同时可取少量虾苗置于虾塘网箱内饲养观察一天并逐尾计数,借以推估虾塘内放苗成活率。

实训项目五:中国明对虾养殖的日常管理

一、相关知识

（一）合理投喂前的监测与分析

（1）虾塘现有对虾数量及个体大小。

（2）对虾所处生长阶段、生活状态和生理状况。

（3）当时天气、水温和水质条件。

（4）饵料品种和质量。

（5）虾塘内基础饵料生物的多寡。

（二）对虾日摄食量

（1）日摄食量:指每尾对虾一天摄食饲料的克数,投饵量主要依据对虾摄食量来确定。摄食量因对虾发育阶段而异,随体重而有变化,随着个体生长而逐步增加。一般来说,对虾的日摄食量与体长(自眼柄基部起至尾节末端)、体重关系大体是:体长 1 ~ 2 cm,其日摄食量占自身体重的 150 % ~ 200 %;3 cm 为 100 %;4 cm 为 50 %;5 cm 为 33 %;6 cm 为 26 %;7 cm 为 21 %;8 cm 为 18 %;9 cm 为 15 %;11 cm 为 12 %;12 cm 为 10 %;13 cm 以上为 5 % ~ 8 %。

（2）配合饵料投饵量参考表

对虾体长 （cm）	日投饵量 （千克/万尾）	对虾体长 （cm）	日投饵量 （千克/万尾）	对虾体长 （cm）	日投饵量 （千克/万尾）
1.0	0.13	6.0	3.07	11.0	3.99
1.5	0.27	6.5	3.54	11.5	10.00
2.0	0.44	7.0	4.03	12.0	10.47
2.5	0.66	7.5	4.56	12.5	11.36
3.0	0.90	8.0	5.12	13.0	12.07
3.5	1.19	8.5	5.68	13.5	12.85
4.0	1.53	9.0	6.30	14.0	13.76
4.5	1.85	9.5	6.93	14.5	14.63
5.0	2.23	10.0	7.59	15.0	15.54
5.5	2.63	10.5	8.27		

(3)其他各类饵料与配合饵料换算标准:①小杂鱼×2.5;②卤虫×3;③兰蛤×6;④四角蛤×8;⑤杂色蛤×8;⑥贻贝×10;⑦黄蚬×12;⑧螺蛳×12;⑨花生饼、豆饼×1。

二、技能要求

(1)掌握对虾养殖中的投饵原则与方法。

(2)掌握对虾养殖中的水质调控方法。

(3)掌握对虾养殖生产中的日常管理方法。

三、技能操作

(一)饵料投喂

1.投喂前的饵料加工处理操作

(1)小型薄壳贝类如兰蛤、寻氏肌蛤经清洗后就可直接投喂。

(2)配合饵料可直接投喂。

(3)杂鱼类要剁碎成小块经清洗后投喂(勿将杂鱼粉碎成浆状连同汁液一道下塘)。

(4)具硬壳的贝类,对需用机滚破壳后经冲洗再投喂。

(5)使用豆饼、花生饼要敲碎后浸泡3~5 h再行投喂。

2.投喂方法

投饵应投于对虾经常活动、觅食的滩面浅水区域,高温季节及饲养后期可扩大到底沟两侧,但不投在深沟之中或稀软污泥处。在饵料平台上一般以分散投喂效果较好。投饵坚持勤投少喂、少吃多餐的原则。

3.注意事项

(1)腐败变质饵料不投。

(2)残饵多时少投。

(3)水质严重恶化时不投。

(4)水温高于32 ℃时少投,或少投勤投。

(5)台风前夕,闷热无风、大风暴雨、寒流袭击时少投或暂时不投。

(6)对虾大量蜕皮时少投,蜕皮后大量进食时多投。

(7)对虾浮头时不投。

(8)生长前期少投,中、后期酌情多投。

(9)中、后期中午少投、傍晚多投。

(10)风和日暖、水质条件好时多投。

(11)大潮汛时适量多投。

(12)虾塘内竞争动物多时适当多投。

(13)对虾个体大小悬殊时应适量多投。

（二）水质调控

1．换水

换水量应根据对虾不同生长阶段、当时水温、天气情况、虾情动态和水质状况等来确定。虾苗下塘后的早期生长，一般采取添加水，一般 20～25 d 虾塘水满时开始换水，在养虾的中、后期，由于水温明显升高就应坚持经常性换水（最好每日都能换水），在下列情况下还应酌情多换水。

（1）放苗密度过大。

（2）虾塘内生物量过多。

（3）水色过浓、透明度 30 cm 之内。

（4）虾塘底部污染严重。

（5）水温高于 32 ℃以上。

（6）患病严重。

（7）天气闷热、无风、池水平静。

一般情况下，中期每次换水约占总水体的 10 %，（若三天换水一次，换水量应达 30 %），后期每次换水量占水体的 15 %～30 %，水质条件严重恶化时要大换水或连续换水。正常情况下，最大换水量不宜超过虾塘水体的一半，以免水环境变化太大。

2．换水方式

换水有潮汐纳水和机械提水两种方式。

虾塘潮位较低且有独立的进排水系统，可通过潮汐纳水；通过机械提水可补充纳水的不足，也可作应急解救之用。提水机械采用扬程小、水量大的轴流泵比较经济。为提高换水效率应该做到以下几点。

（1）及时疏通排水渠道。

（2）先排水、后纳水。

（3）洗刷过滤网，减少水流阻力。

（4）根据对虾个体大小适时更换网目。

（5）尽可能安排傍晚或夜间换水。

（6）从塘底排水可扩大水体交换能力。

（7）换水时，在排水闸内设置拦虾网流急时得到缓冲，使虾免受机械损伤。

3．水质的调节

（1）添换水情况：养殖初期，60 目筛绢过滤，每天加水 3～5 cm，20 d 后加到 1.5 m，以后视水质换水。养殖中期，每 2～3 d 换水 1/5～1/3，换水网目为 20 目。养殖后期，换水网目 0.5～1 cm，排水闸网目 16～18 目。

（2）适当施肥：粗养或半精养虾池的初期，主要采用施有机肥肥水，以调节水质为目的的施肥,以施加化肥为主。

(3)机械增氧:通过各种增氧机增加水中的氧气。

(4)化学方法:在缺氧的时候,可以通过化学物质进行调节,比如氧化铁、三氯化铁、过氧化钙等增加水中的氧气。

(5)生物学方法:通过往水体中加入光合细菌等改善水质。

(三)水环境监测

利用水温计、相对密度计、透明度板、pH 试纸、溶氧仪等,监测水温、盐度、pH 值、溶解氧含量、硫化氢浓度、氨氮含量,测定时间一般以早晨 5 ~ 6 时、下午 2 ~ 3 时为好,水质状况变化较大时,应增加测定内容和次数。

1. 水温测定

使用表层水温表,要分别测量一天中虾塘最低和最高水温。要定点、定深度,一般在水满时测量离表层 50 cm 深的水温,夏季还需测量表层和底层水温以了解上下层水温之差,最好能测知虾塘水温的昼夜变化。温度计使用前洗净,测量时要感温,读数时视线要垂直刻度。

2. 盐度测定

可用手持式折射仪和相对密度计测量。手持式折射仪使用前在 20 ℃时调零,将水滴到棱镜上,盖上盖板,轻轻压平,注意不要有气泡。测后清理干净。放置在干燥、清洁的环境中,避免猛烈撞击。相对密度测量时需要同时测量温度。

3. 酸碱度(pH 值)测定

可使用酸度计测量,一般生产单位可使用 pH 试纸,平时应将试纸密封保存。

4. 透明度测定

通常使用透明度板(沙氏盘),即金属或木制圆盘,直径 30 cm,上面漆成红白相间,盘中央设一小孔,为绳索穿孔,绳索直径 0.5 cm 左右,用马尼拉麻或剑麻制作(勿用伸缩性大的尼龙绳),板下吊以重锤或石头以便使板下沉,操作时手持铁柄使之下沉至视力看不见的深度。无论绳索或铁柄均匝以 5 cm 为一单位标以尺寸,以示所测透明度之大小。测定透明度还可使用水色计、比色计或光度计。

5. 溶解氧测定

可用化学滴定法或测氧仪,在黎明前或下午各测一次。目前的溶氧仪性能尚不稳定,容易失灵,使用时应作校正。

(四)对虾的生物测定

定期进行对虾生物学测定,测定每 10 d 进行一次,内容包括生长情况、胃肠饱满度、数量变化以及对虾活动状态的观察。

1. 对虾生长测定

对虾为一年生。对虾生长随着蜕皮进行,它一生需蜕皮几十次,影响对虾生长的主要因素是水质、饵料和温度,在放养密度适当、水质及饵料较好的条件下,前期(8 cm 以前)每 10 d 增长 1～1.5 cm、中期 0.8～1.0 cm、后期 0.5 cm以上,如果低于上述增长速度,就需分析原因、改进管理措施。

一般 10 d 测量一次体长,必要时也可 5 d 进行一次,在虾塘内多点采样,测量 50～100 尾,算出平均体长。

通过直尺量取虾的体长即虾枪至尾节末端的长度,量取虾的体长即虾的眼柄基部至尾节末端的长度。

2. 对虾摄食情况检查

投饵后一方面需要检查残饵情况,另一方面根据虾胃的饱满状态来了解投饵的效果。

根据胃含物的临时状态即胃含物所占胃腔的比例分为饱胃、半饱胃、残食胃和空胃等 4 个等级。通常投饵后 1 h 应有半数对虾达到饱胃或半饱胃状态,否则可能是投饵量不足或饵料质量有问题。

①饱胃:胃腔内充满食物、胃壁略有膨胀。

②半饱胃:胃含物约占胃腔的 1/2 以上或占据全胃。

③残食胃:胃含物不足胃体的 1/4。

④空胃:胃不含食物。

3. 虾塘内对虾数量估测

对虾体长达到 5～6 cm,常用旋网计数和标志计数法。

(1)旋网计数法:先用旋网在陆地上多次试撒,求出圆形网口平均面积,再由同一人操作,按虾塘沟、滩比例多次撒网,数清网获对虾之总数求出每网获虾平均数,换算成每平方米虾数,乘以虾塘总面积(平方米),再乘经验系数 K,旋网撒开面积(经验系数根据水深来确定,亦应考虑撒网逃虾因素在内,1 m 水深其值约为 1.5,2 m 水深其值为 3 左右)。

(2)标志计算法:取一定数量对虾(500～1 000 尾),剪去一测尾肢末端作为标记,放回虾塘 1～2 d,然后随机捕捞。

4. 对虾活动状况及对虾质量的检查

通过检测,正常对虾具有以下特征:

(1)看体表:体表光洁、甲壳富有弹性。

(2)看鳃丝:鳃叶肉白色、鳃丝清洁。

(3)看心跳:心脏跳动有力。

(4)看静态:静息时头胸部高仰、附肢支撑有力。

(5)看活动:游泳快速,对刺激反应灵敏。

(6)看手感:难以抓捕,手握时挣扎感强。

体质差的对虾:对虾体色异常(发暗或变红),甲壳有锈斑,软,肌肉洁白,肠道弯曲。鳃腔污浊,鳃叶溃烂,第二、三对额足外肢伸到头胸甲之外,游泳缓慢,易被抓捕等。

5. 其他生物测定

可定期(每月 1~2 次)或不定期的在附近海区进行生物调查和在虾塘内进行浮游生物和底栖生物定性、定量测定,以便全面掌握生物数量和种类,对了解虾塘内水色变化的原因、基础饵料状况、生物负载能力以及病原体感染途径等都是有益的。以生态系方式养虾就更需这方面工作。

(五)日常观测

1. 巡塘观察

(1)检查闸门是否严密、堤坝有无渗漏。

(2)注意塘内水位变化。

(3)观察水色、注意池水浓度和有无气味逸散。

(4)察看池底污染状况,注意黑区扩大范围。

(5)检查饵科流失和消耗程度。

(6)观察对虾蜕壳数量。

(7)注意虾塘内丝状藻类繁殖情况。

(8)注意虾情动态,观察对虾有无反常行为。

(9)夜间观察虾塘内发光现象。

(10)注意天气和潮汐变化趋势。

(11)观察对虾可能发生浮头的各种迹象。

(12)注意观察虾塘内的敌害生物。

(13)暴雨之后注意池水分层现象。

(14)观察和检查同一虾塘对虾个体有无出现"两极分化"现象。

(15)密切注意病虾,谨防虾病发生和蔓延。

2. 水色观察

根据水色变化可判断辨别水情,确认水质优劣。如果水色过浓,采取措施,更换新水。再结合镜检和水质分析就能使透明度降至 30 cm 之内。水色变化情况有以下几种:

(1)浅条褐色:以硅藻为主要种类的虾塘,对虾生长较好。

(2)鞭毛藻类占优势(繁殖过度)的虾塘,水呈深绿色,对虾生长较差。

（3）水体发红是一些原生动物（纤毛虫、夜光虫等）也可能是轮虫或其他浮游动物大量繁殖的结果。

（4）水呈乳白色是细菌大量繁殖造成、藻类突然死亡所引起，其分解产物是有毒的。

（5）水色变清，往往是虎苔、沟草等大量繁生的缘故，若是突然变清，表明浮游植物大量死亡而消失。

（6）水呈灰兰色且有腥昧，可能是兰藻中的鱼腥藻或拟色腥藻大量出现造成的。

3. 池底"黑化"观察

在 8～9 月份高温季节，由于虾塘有机物沉积未完全氧化分解而造成池底变黑并迅速扩大，在细菌等作用下腐烂分解，不仅消耗大量氧气，并产生大量有害物质（如硫化氢），是造成虾池老化的原因之一。

（1）引起池底变黑的原因。

① 虾塘清淤不彻底。

② 投饵过于集中、投饵量过大。

③ 饵料变质发臭。

④ 水体中大量丝状藻类和水草枯死后沉底。

⑤ 蓄水区有机质浓度过大并在进水时引入虾塘。

（2）防治措施。

① 收虾后启闸进水，反复冲洗虾塘带走部分有机沉积物。

② 为促进沉积物分解，可使用拖拉机翻耕塘底将污泥移出池外。

③ 合理投喂、减少残饵。

④ 控制丝状藻类和水草的繁生。

⑤ 经常性换水。在池底已经严重变黑的虾塘，可使用炼铁炉渣（硅酸铁）按每平方 1.5 kg 左右撒入黑化区域，可消除硫化氢，起到解除毒性的作用。

⑥ 启动增氧机，形成水平环流或对流，促成上下层水体交换；也可将水泵安置在船上，形成可移动的抽水设备。

4. 两极分化观察

一般来说，同池同龄对虾体形大小应趋于一致，应同步生长，如果同池对虾个体大小悬殊，出现"两极分化"，其原因主要是投饵长期不足所引起。

在同塘对虾体长相差已达 2 cm 以上时，可采取限制性喂食措施予以补救，也即在对虾基本缺饵情况下，先少量投喂营养价值差的饵料（如花生饼、低值配合饵料），让竞食能力强的对虾先消耗这部分饵料，然后投喂营养价值高的饵料（如鲜贝），在竞食能力强的对虾已处于饱食或半饱状态（食欲降低）时，使竞争能力差的个体能够分食到营养价值高的饵料,用这种方法可使对虾"两极分化"趋势得到缓和,从而提高对虾质量水平。

5. 虾塘发光观察

发光现象多出现在水温较高的夏季,夜间可看到对虾在水中游动时的发光行迹,渔民称之为"火虾",入秋之后,虾塘发光现象便趋于减少。发光主要由夜光虫、甲藻和发光细菌引起,夜光虫多在春、夏两季繁殖,当其受到刺激时便可发光,夜晚可见到淡蓝色光亮。夜光虫大量繁殖有可能引起虾塘缺氧,造成对虾窒息死亡。甲藻的有些种类能分泌藻毒,有害于虾体。

如果发光情况比较严重,应大量换水,换水前最好先测定一下海区发光生物的种类和数量。小型虾塘可用硫酸铜溶液(0.7×10^{-6})泼洒,这种浓度能使发光生物消迹,而于对虾则无影响。

6. 对虾浮头观察

(1)浮头的判定:

① 对虾浮头:浮头是养虾塘内严重缺氧的表现,稍受惊动便弓起弹跳。若虾群分散游动,方向不定,游泳缓慢而无力,时而眼睛、触角露出水面,以吸取表层水中氧气,受到刺激也不起跳。

② 轻重浮头:浮头分明浮头(眼睛、额角露出水面)和暗浮头(虾体虽已浮出,但眼睛、触角未露出水面)。浮头一般见于7月之后,在水温高、闷热无风天气最容易发生。浮头常在黎明前后出现,日出之后可基本停止,若在半夜出现或日出后继续浮头,表明虾塘缺氧情况已相当严重。

局部浮头为轻,全塘性浮头则重;黎明前发生的浮头相对较轻,白天发生的浮头较重;浮头时对虾眼睛和触角没有露出水面为轻,露出水面者为重。

(2)对虾浮头前可能出现的征兆:

① 天气闷热,池水平稳。

② 池水过浓(透明度降至30 cm之内)。

③ 水色异常或突然变清。

④ 池底黑区扩大,且有臭味。

⑤ 日暮后虾塘周围出现大量蚊虫。

⑥ 塘边有虾类爬出水面。

⑦ 池水分层,暴雨后大量淡水浮于海水之上。

⑧ 无风或大风之后晚上突然风起。

⑨ 虾群行为反常,在表层出现散乱游动。

(3)浮头的解决措施:

① 机械增氧。

② 使用增氧剂救急。

（六）疾病的预防

1.弧菌病

（1）症状。

① 红腿病：病虾胃内无食或残胃，游泳足、步足发红。

② 瞎眼病：病虾行动呆滞或狂游，肌肉逐渐变为白色不透明；眼球肿胀，由黑色变为褐色，进而溃烂，只剩眼柄。

③ 烂鳃病：病虾鳃丝呈灰色，肿胀，严重时鳃尖端溃烂、脱落，有的鳃丝在溃烂的边缘呈黑褐色。有的鳃丝在溃烂组织与不溃烂组织的交接处形成黑褐色的分界线。

④ 褐斑病：病虾甲壳上有黑褐斑，初期上有小白点，后来颜色逐渐加深。溃烂处逐渐加大。

⑤ 丝状细菌病：丝状菌附着在病虾的腮部及体表，影响呼吸及蜕壳困难。

（2）预防方法。

① 防重于治：做到彻底清塘；合理控制放养密度；改善进、排水条件，以保证良好的水质，饵料投喂要做到适量，投优质饵料；尽量减少不必要的捕捉和搬运，以免虾体受伤；尽可能避免水温、盐度等环境条件的突然改变等。

② 夏季高温季节，池底呈酸性，可适当泼洒生石灰，每亩用量 5～8 kg。养殖期间池塘定期投放如光合细菌、EM、硝化细菌、放线菌、芽胞杆菌等有效调节水质。

③ 在发病季节，定期泼洒含氯消毒剂或季胺盐类药物，并配合投喂抗菌素药饵。

（3）治疗方法：

① 对虾发病时，全池泼洒 1×10^{-6} 的漂白粉。同时在饲料中加入 0.1 %～0.2 % 土霉素投喂，连喂 7～14 d。

② 将发病的虾体放入 3×10^{-6} 的头孢氨苄霉素药液中浸浴 3 d。

③ 20×10^{-6}～25×10^{-6} 的福尔马林浸浴 1 h，每千克饵料加土霉素 0.5 g 连喂几天。

④ 0.5×10^{-6} 的螯合铜除藻剂药浴 2～4 h。

2.真菌病

（1）症状：黑鳃病。对虾鳃上有黑点，严重的鳃丝溃烂、断落。

（2）防治方法：防机械创伤，防营养不良，防水质污染。

（3）治疗方法：2×10^{-6} 的制霉菌素浸浴，2～3 d 后改用 1×10^{-6}。每 10～

15 d 施药 1×10^{-6},预防用。

3. 微孢子虫病

(1)症状:感染的地方不透明,呈白色,肌肉松软,感染的虾因环境不适而体质衰弱而死亡。

(2)预防方法:池塘放苗前彻底消毒。

(3)治疗方法:发现病虾及时除掉。

4. 纤毛虫病

(1)症状:纤毛虫寄生在腮部,使虾缺氧,引起窒息死亡。造成虾体局部褐斑病。

(2)预防方法:彻底消毒。

(3)治疗方法:

① 25×10^{-6} 的福尔马林或 100×10^{-6} 的新洁尔灭浸洗 24 h 以上。或将病虾移入淡水中 3 min。

② 用 $10 \times 10^{-6} \sim 15 \times 10^{-6}$ 茶籽饼全池泼洒,并适当加大换水量。

③ 全池泼洒纤虫净 1×10^{-6},次日全池泼洒 0.4×10^{-6} 溴氯海因复合消毒剂,10 d 后全池泼洒纤虫净 1×10^{-6} 或 1×10^{-6} 的高锰酸钾。

5. 病毒病

(1)症状:白斑综合症病虾活力下降,池边慢游或伏卧,空胃,甲壳上有白斑或淡黄色斑点,体色暗红或微红,鳃丝发黄、肿大、糜烂。桃拉病毒病虾体变红,尾扇变红,甲壳上有不规则的黑斑,传染性皮下及造血组织坏死,病幼虾触须发红,成虾的个体参差不齐。对虾杆状病毒病虾体色暗,食欲减退,生长减慢等。

(2)预防方法。

① 切断病毒的传染途径:水和池子、工具严格消毒,严禁投喂携带病毒的饵料。

② 改善和优化养殖环境:放养密度要合理,合理使用微生物制剂等,加强水质管理,虾病流行时节不换水,安装增氧机。

③ 提高虾体免疫力:选择优良品系,把好选择对虾的关口,饲料中添加抗病毒的中药,投喂营养全面的饲料。

(3)治疗方法:

① 全池泼撒二溴海因复合消毒剂 0.2×10^{-6} 和超碘季铵盐 0.2×10^{-6} 各 2 d,第三天再泼洒二溴海因复合消毒剂,2 d 后全池泼洒枯草芽孢杆菌 0.3×10^{-6}。

② 投放活性炭或过氧化钙改善水质。

③ 每千克饲料中增加维生素 C 2 ~ 3 g 及鱼油 10 ~ 20 g,每天投喂 2 次,连

喂 3~5 d。

④ 每 10 d 投喂中草药 1~2 次,每千克饲料中加穿心莲、大青叶、葫芦茶按 1∶1∶1 共计 10~15 g。

实训项目六:中国明对虾的收获与运输

一、相关知识

收虾时间:在正常情况下,应定期采集虾样,测定其体长和体重,以总体生长情况预测虾群的蜕壳期,安排在对虾两次蜕壳之间适时收虾,切勿拖延。收虾最好安排在早晨开始,中午前结束。收虾最好在大潮期间进行,虾活力强,易入网,遇到紧急情况,如寒潮来临或疾病暴发时,应及时抢收。

二、技能要求

(1)掌握收虾的方法。

(2)掌握对虾的运输方法和注意事项。

三、技能操作

(一)收虾操作

1.方法

多采用闸门挂网、放水收虾的方法。利用对虾趋弱流、顺强流的特点,急速放水进行收获。也有单位采用虾网捕虾。

2.注意事项

(1)收虾前 24 h 正常投喂。

(2)检查软壳虾所占比例,比例在 5% 以上暂停收获。

(3)严格控制放水速度,防止虾网破裂。

(4)水排不干净的虾池,可用陷网、拉网复收。

(二)运输操作

1.木屑填充包装运输法

(1)清洗与初选:收获的对虾应首先挑出死伤及不活跃个体,而后冲洗干净,用电激或手捉的对虾鳃腔存泥较多,尚需放入净水池中,充气暂养,使其鳃清洁,并排出肠内粪便。

(2)降温:加工厂应建有降温车间,内设数个降温池,池深 1~1.2 m,大小根据生产量而定,一般宽 2 m,长 4~5 m。无制冷设备者可用冰块降温,每池温差相差 2 ℃,从接受自然水温(可比自然水温低 8 ℃),逐级降至 10 ℃~12 ℃,有制冷设备的进虾前将水温调至比原来水温低 8 ℃ 以内,放入对虾后,适应 1~

2 h,开始降温,速度不能太快,每小时降温 1 ℃ ~2 ℃,对虾活动力下降,体色变得淡红而发亮为止。

(3)挑选分级:将降温后的虾移至选级台的水槽中,水槽水深 20 ~30 cm,水温 10 ℃ ~12 ℃,在流水的条件下人工挑选分级,以尾/千克分为 6 种规格,即 20 ~29,30 ~39,40 ~49,50 ~59,60 ~69,70 ~79。国内市场还可更小。依次剔除软皮虾、伤残虾及死虾,分装于不同的筐中,筐上应挂上等级标牌,防止混淆。

(4)称重:按包装要求,称出相应重量的对虾,因运输中对虾脱水失重,冬季应加重 10 %,夏季加重量的 15 % ~20 %。

(5)装盒:包装规格各地不一,有每千克虾装一盒,10 盒装于一个泡沫保温箱内,箱外再套纸箱;还有 2 ~3 kg 装一盒,6 盒装一箱。无论哪种规格,都应该使用木屑将对虾包埋塞紧。木屑以杉木、杨木、柳木等无味的粗木屑为佳。用前应经过晒干,在 10 ℃ 中贮存。有的晒前经过水煮消毒、除味。装盒时最下层铺上一层吸水纸,撒上约 1cm 的木屑,摆上一层对虾,虾不能重叠,虾上下及虾与盒之间再撒上 1 cm 厚的木屑,再摆上第二层虾,虾上再填满木屑,压紧,使虾不能活动。夏季木屑上还应放一小冰袋降温,放入标签。

(6)包装:用胶带封盒口,装入包装箱封口待运。一切操作及暂存都应放在 10 ℃ 环境中进行。

(7)运输:一般情况下冬季经过 72 h 运输,成活率可达 80 % 以上,夏季 48 h 可达 70 % 以上。

2. 塑料袋充氧运输法

该法的活虾处理、降温、分级与上述方法相同,不同之处是将活虾装于膜厚 1.5 mm 的塑料袋中,每袋可装虾 5 kg。装入虾后排出袋内空气,充入氧气,用橡皮筋扎紧袋口再装入 70 cm ×40 cm ×28 cm 的泡沫保温箱内,每箱装两袋,气温高时放入 500 g 的冰袋,勿使冰袋贴着虾体,用胶带封住箱口,再将泡沫箱装入大纸箱内即可运输。运输应用保温车运输,温度控制在 10 ℃ ~15 ℃,24 h 的成活率可达 80 % 以上。如果与上述木屑混盒装于袋中运输时间还可延长。

模块三
日本囊对虾的养殖技术操作技能

实训项目一：日本囊对虾的生物学观察、解剖和测定

一、相关知识

日本囊对虾体表具鲜艳的蓝褐色横斑纹,头胸甲和腹部体节上有棕色和蓝色相间横斑。尾节的末端有较狭的蓝、黄色横斑和红色的边缘毛,尾尖为鲜艳的蓝色,额角微呈正弯弓形,上缘8~10齿,下缘1~2齿。第一触角鞭甚短,短于头胸甲的1/2。第一对步足无座节刺,雄虾交接器中叶顶端有非常粗大的突起,雌交接器呈长圆柱形。成熟虾雌大于雄。成熟雌虾一般体长为13~16 cm;雄虾个体比雌虾小,一般体长为11~14 cm。

二、技能要求

(1)根据生物学特征,识别外部形态。

(2)熟悉主要器官的部位。

(3)会区分雌雄。

(4)掌握测量方法。

三、技能操作

1.工具准备

工具有解剖盘、钢尺、解剖刀等。

2.操作过程

(1)用钢尺测量全长即虾枪最前端至尾节末端的距离。

(2)用钢尺测量体长即眼柄基部至尾节末端的距离。

(3)观察外部形态,确定齿式。

(4)从对虾的尾部将附肢依次取下来观察形态。

(5)解剖观察虾的内脏器官如消化、生殖、呼吸器官等。

3.注意事项

避免刺破手指,标本要求鲜活。

实训项目二:日本囊对虾的越冬培育技术

一、相关知识

(一)日本囊对虾生态习性

(1)栖息与活动:日本囊对虾栖息于水深 10 ~ 40 m 的海域,喜欢栖息于沙泥底,具有较强的潜沙特性,白天潜伏在深度 3 cm 左右的沙底内活动少,夜间频繁活动并进行索饵。觅食时常缓游于水的下层,有时也游向中上层。在虾塘的高密度养殖中,饥饿时呈巡游状态。但一般情况下很少发现其游动,尤其是养殖前期较难观察到。

(2)对环境的适应性:

① 对盐度的适应:日本囊对虾为广盐性虾类。对盐度的适宜范围是 15 ~ 30,但高密度养殖时适应低盐度能力较差,一般不能低于 7。

② 对温度的适应:适温范围为 17 ℃ ~ 29 ℃,在 8 ℃ ~ 10 ℃ 停止摄食,5 ℃ 以下死亡,高于 32 ℃ 生活不正常。

③ 对水中溶解氧(DO)的要求:日本囊对虾在池养中忍受溶氧的临界点是 2 mg/L(27 ℃时),低于这一临界点即开始死亡。耐干能力强,适合长途运输。

④ 对海水 pH 值的适应:海水 pH 值较稳定,一般在 8.2 左右,但虾塘 pH 值多数变化较大。日本囊对虾对 pH 值适应值为 7.8 ~ 9 之间。

(二)生长与蜕壳

日本囊对虾的变态与生长,总是随着蜕壳进行,每脱壳一次,体长、体重均做一次飞跃,从仔虾到幼虾需蜕壳 14 ~ 22 次,幼虾到成虾约需蜕壳 18 次。蜕壳多数出现在夜晚,整个蜕壳过程仅需几分钟。

(三)亲体的来源

目前,日本囊对虾育苗用的繁殖亲体一般是从自然海区捕获的成熟或接近成熟的个体,经过暂养或催熟培育使其产卵。此外,尚可利用人工养殖的大个体虾,经人工越冬和促熟培育而获得卵子。秋季捕获的野生日本囊对虾或人工养殖的日本囊对虾需经人工越冬培育及春季的催熟培育,而春、夏季捕获的野生个体则只需经过短暂的催熟培育即可成功繁育子一代。

二、技能要求

根据日本囊对虾的生态习性,掌握亲体培育方法。

三、技能操作

1. 环境

日本囊对虾培育池底铺 5 ~ 10 cm 厚的细沙,沙子使用前也应消毒处理。性腺催熟期间,由于暂养时间短,也可直接在普通水泥池内蓄养。日本囊对虾越冬和性腺催熟期间,要求暂养环境适当避光,养殖水体水质清新、理化因子相对稳定。暂养环境启用前经必要的清洁和消毒处理。

2. 亲体

作亲体进行越冬培育的日本囊对虾应每只虾在 25 g 以上,且体表洁净、甲壳透亮、体色艳丽、肢体完整且无伤痕、健康活泼、反应灵敏、无携带 WSSV 等重大疫病病原、体表无寄生虫。越冬虾群体放养密度为 10 ~ 15 尾/平方米,雌虾搭配 60 % ~ 100 % 的雄虾。入池前虾体做适当消毒处理。

3. 饵料

通常以梭子蟹、柔鱼、牡蛎、贻贝、文蛤、星虫、沙蚕等为饵。鲜活饵料投喂前必须彻底消毒,日投饵量一般为虾体质量的 5 % ~ 10 %,傍晚投饵为主,白天少量投喂。投饵量以投饵后 1 ~ 2 h 吃完为基准。

4. 水温

应控制在 10 ℃ ~ 13 ℃,最低不要低于 8 ℃。开春后根据育苗期的早晚,逐渐升温至 24 ℃ ~ 25 ℃,促使其交配,交配后再升温至 27 ℃ ~ 28 ℃,促进性腺的发育。

5. 光照

日本囊对虾在繁殖亲体培育过程中要求控制光照在 50 ~ 500 lx 之间。若光照过强也会使亲虾性腺发育受抑制而出现退化。

6. 盐度

盐度控制在 17 以上,最好是在 27 ~ 33 之间。当海水盐度骤降幅度大于 4 或持续处于低盐度环境中时,日本囊对虾不仅容易出现异常蜕壳死亡,而且对其性腺发育有明显的抑制作用。

7. 充气

蓄养池水体可采取连续充气方式进行增氧,一般微充气即可,但要求每 2 m² 至少设置 1 个散气石,池水 DO 维持在 4 mg/L 以上。此外,还应每 3 ~ 4 d 吸除池底污物一次,控制 pH 在 8.0 ~ 8.4,氨氮小于 0.45 mg/L,COD 小于 4 mg/L,换水时温差要小于 1 ℃。越冬早期,水温低于 15 ℃,日换水量为 1/3 ~ 1/2;后期随水温升高,日换水量增加到 2/3。直接在水泥池内铺沙的蓄养池应视池底沙层变黑情况及时转池,以保证水质的清新。一般每隔 15 d 倒池 1

次,并用 $80 \times 10^{-6} \sim 120 \times 10^{-6}$ 漂白粉或 $10 \times 10^{-6} \sim 20 \times 10^{-6}$ 高锰酸钾对沙堆及池壁等进行消毒处理。

8. 防病

越冬对虾常可见到由镰刀菌在鳃部寄生引起的烂鳃和由聚缩虫等附生性纤毛虫在鳃部或体表寄生引起的黑鳃或体表挂脏等病症。越冬对虾烂鳃病,可用亚甲基兰 0.3×10^{-6} 加福尔马林 25×10^{-6} 每隔 $3 \sim 5$ d 全池泼洒 1 次,同时按每千克亲虾将 $200 \sim 500$ mg 抗菌素拌入饵料中连续投喂 3 d 进行治疗。对于纤毛虫病,可用 $0.5 \times 10^{-6} \sim 2.0 \times 10^{-6}$ 高锰酸钾或 $10 \times 10^{-6} \sim 25 \times 10^{-6}$ 福尔马林药浴进行处理。换水前在储水池中每隔 $5 \sim 6$ d 在越冬池水体内施用漂白粉 1.0×10^{-6} 或二氯异氰尿酸钠 $0.3 \times 10^{-6} \sim 0.6 \times 10^{-6}$,或三氯异氰尿酸 $0.3 \times 10^{-6} \sim 0.4 \times 10^{-6}$,或二氧化氯制剂 $0.5 \times 10^{-6} \sim 2.0 \times 10^{-6}$,可有效预防病害发生。

实训项目三:日本囊对虾的繁育技术

一、相关知识

(一)日本囊对虾的繁殖习性

日本囊对虾雌雄异体,每年 2 月中旬至 10 月中旬均可产卵,产卵盛期为 5 ~ 8 月份,产卵适温为 20 ℃ ~ 28 ℃。性成熟个体的体长范围为 $11.8 \sim 18$ cm,以 $13 \sim 16$ cm 为主。雄虾成熟后即可在雌虾蜕壳后不久与之交尾,而雌虾外壳变硬后便不能再交尾,未交配的雌虾要到下次蜕壳后才有交尾的可能。

(二)对虾性腺发育特点

日本囊对虾性成熟较早,即春季孵出的虾到当年秋季性腺开始发育,进行交尾,到第二年春季即繁殖产卵;产卵后的亲虾部分死亡,尚有部留下能继续生长。其产卵繁殖期较长,由 2 月中旬至 10 月中旬,并且由北向南逐步推迟,盛产期为 5 ~ 8 月份,产卵适温为 20 ℃ ~ 23 ℃。日本囊对虾只是在冬季水温比较低时游向附近深水,待春季水温升高时移到浅水产卵。

(三)日本对虾的交尾与产卵

日本对虾交配一般无季节性,全年都有交配。具有多次发育、多次产卵现象。雌虾性腺发育成熟或接近成熟时便可产卵。产卵行为多发生在夜间,集中在 21:00 ~ 4:00,其产卵量因个体大小及产卵时卵巢的成熟度不同而异,一般在 20 万 ~ 50 万粒,个别可达 100 万粒。

(四)日本对虾的胚胎发育

日本对虾刚产出的卵形状不规则,略呈三角形,随后呈圆球形,卵径 260 ~

280 μm。受精卵内部分泌一种胶状物质,吸水膨胀而形成透明的受精膜,为沉性卵。卵属典型中黄卵。卵裂方式为全均等分裂。从第二次分裂开始,即表现出螺旋形分裂特征,属较低级类型。

受精卵的发育过程大致可分 6 个时期,即细胞分裂期、桑葚期、囊胚期、原肠期、肢芽期和膜内无节幼体期。受精卵发育速度与水温等条件有关,当水温 27 ℃～29 ℃时,经 13～14 h,受精卵便发育并孵出长约 330 μm 的无节幼体。水温 25 ～27 ℃时,孵化需 16 h;水温 22 ℃时需 20 h。32 ℃和 20 ℃分别为孵化室的温度上限和温度下限。

二、技能要求

(1)掌握日本囊对虾亲体选择标准、运输方法。

(2)掌握日本囊对虾的亲体培育方法。

(3)掌握日本囊对虾催产方法。

(4)掌握日本囊对虾幼体培育方法。

(5)掌握日本囊对虾繁育技术。

三、技能操作

1. 亲虾的选择

从自然海区捕捞亲虾时,应尽量挑选个体较大、无伤、体表光滑、无烂眼、烂尾、已交尾、性腺发育至二、三期活力好的雌虾。规格一般 6～8 尾/千克。

2. 亲虾的运输

多采用干法空运。每年从 2 月份开始,将海捕虾经挑选后,用冷水提前降温至 10 ℃左右,30 min 后,用冷冻湿润锯末分层包装,每个标准箱 80～100 尾,运输 10 h 内,成活率可达 95 %以上。

3. 亲虾的暂养与促熟培育

亲虾入池前,预先准备好沙滤水 30～40 cm(池底不需铺沙)。调温至 14 ℃,视空运冷冻情况略调 ±1 ℃,施抗菌药 1×10^{-6},最好用庆大霉素,微充气。亲虾运抵育苗场后,放入盛好洁净海水的桶盆中充气,加消毒药,一般为高锰酸钾。消毒后迅速入亲虾培育池。用消毒长杆轻轻扶起,反复多次检查,确无活力的应将其捞出。

4. 亲虾的日常管理

(1)换水:亲虾自入暂养池后,应加强管理,水质保持清新。换水前期每日 1 次,每次换 15 cm,后期每日 2 次,每次换 20cm。非特殊情况不要彻底换新水,每次留部分旧水,可提高亲虾成活率,预防大量蜕皮有明显效果。每日换水同时,清除残饵、粪便及死虾。暂养密度为 10～15 尾/平方米。

(2)投饵:投饵量随着升温及亲虾发育的加快也应相应提高,以满足性腺发育需要。前期占体重的 10 % ~ 15 %，后期为 15 % ~ 20 %。尽量用活饵如沙蚕、梭子蟹、文蛤、贻贝等，以活沙蚕为最好，每次将沙蚕洗净用少量高锰酸钾浸泡后投喂。日投饵三次（早晨、傍晚、夜 11 时）。

（3）光照：日本囊对虾暂养环境应尽量保持黑暗、安静。光照度在 100 lx 以下，用黑色布全池盖严。

（4）水温：春天捕获的已交配雌虾，也应在 3 d 内将养殖水体水温升至 27 ℃ ~ 28 ℃，促其性腺的快速成熟并防止亲虾蜕壳，升温过慢往往因对虾异常蜕壳蜕掉精荚而失去作为繁殖亲体的使用价值。

慢慢加注同温水，每隔 2 h 升 1 ℃，当天午夜前将水温缓慢升至 17 ℃ ~ 18 ℃后静养。第 2 d 上午升至 20 ℃。在换水时加注同温水，减少温差刺激。一股前期暂养水温 21 ℃ ~ 22 ℃，后期 24 ℃ ~ 25 ℃，产卵池水温度 28 ℃ ~ 29 ℃，孵化培育池水温 30 ℃。

5. 疾病的预防

除严格挑选外，入池后亲虾应避免过频移池，以防捕捞惊吓碰撞，挑拣应轻拿轻放，预防受伤感染。发现死虾应立即清除，查清原因，施药预防。预防药量 1×10^{-6} ~ 2×10^{-6}，治疗量 4×10^{-6} ~ 5×10^{-6} 抗菌药。

6. 剪除眼柄促熟亲虾发育

亲虾培育至第 3 d 后，备好喷灯、防火操作台、大号医用止血钳、塑料盆或泡沫箱、消毒沙滤海水。将暂养池中亲虾用手捞网捞至盆或箱中充气，逐一采用剪烫法。将亲虾一侧眼柄烫摄摘除（左右均可），消毒后，迅速放入亲虾培育池中暂养。新池水中应加庆大霉素针剂 1 mg/L，微充气，水温暂调 17 ℃ ~ 18 ℃，当晚水温缓升至 22 ℃，加大投饵量。翌日清残饵、粪便、死虾后，将水温升至 24 ℃ ~ 25 ℃，维持直至性腺发育成熟。

7. 亲虾的产卵

当亲虾经过复温、剪眼柄、促熟、手术后升温培育 2 d 后，技术人员应进入亲虾暂养池中挑虾试产。产卵池应按一般育苗工艺规程消毒，清刷干净。备好洁净沙滤水（最好二次沙滤），升温至 28.5 ℃ ~ 29.5 ℃，海水盐度调整在 28 ~ 31 范围内，加 EDTA 10mg/L，微充气备用。傍晚进入暂养池将性腺发育明显、活力好的亲虾挑出消毒后放入产卵池，盖布遮光，停气安静待产。夜晚观察亲虾产卵情况，一般前期产卵高峰在上半夜，晚 9:00 ~ 11:00 见亲虾在池中兴奋游动，用灯光照射，可见烟雾状卵子。第 2 d 早 6:00 前掀布帘清虾，微充气，计数。

8. 受精卵的孵化

将受精卵用 250 目网箱收集移出，或原池孵化，密度 30 万 ~ 40 万粒/立方米,微充气,水温保持在 29.5 ℃~30 ℃。一般经过 14~16 h 孵出无节幼体。期间每隔 1 h,用搅板全池搅动 1 次。注意勿用力过大,防止水花溅出。

下午检查无节幼体孵化情况,停气,采用虹吸法将上层活力好的无节幼体用软管收集到 250 目网箱中,用手捞网捞到计量桶中(一般容器规格为 500 L 圆桶),微充气。当晚计数移池培育仔虾。

9.幼体培育

日本对虾幼体密度为 15 万~20 万尾/立方米,温度控制在 27 ℃~28 ℃,20 ℃为其发育下限温度。海水盐度调整在 28~31 范围内。

幼体的饵料在溞状Ⅰ期至糠虾Ⅱ期一直采用虾片加对虾幼体配合饵料,能有效地控制饵料的投喂量,要少量勤投,避免沉底,均匀泼洒。

一般在糠虾Ⅲ期以前不换水、不加水,在糠虾Ⅲ期到仔虾第 5 d 这一阶段采用虾片 + 配合饵料 + 卤虫幼体的饵料系列,能达到理想的育苗效果,在糠虾Ⅲ期加水至仔虾期,在仔虾三天后每日换水量是培养水体的 1/5~1/4,并吸污,不采用大排大换的方法。

实训项目四:日本囊对虾的养成技术

一、相关知识

(一)日本囊对虾的生活习性

(1)盐度:日本囊对虾属于广盐性虾类,适盐范围为 17~34,低于 7 将会逐渐死亡,盐度突变会引起大量死亡。

(2)温度:日本囊对虾适温范围为 17 ℃~29 ℃,5 ℃以下及 28 ℃以上对虾易患病死亡,而低于 18 ℃时则生长缓慢,13 ℃以下摄食量减少。

(3)溶解氧(DO):在养殖过程中要求 DO 4mg/L 以上,对水体中溶解氧含量的反应比较敏感。

(4)pH 值:养殖期间,池水 pH 值应控制在 7.8~9.0 之间。

(5)栖息与活动:日本囊对虾喜欢栖息沙泥底,一般潜伏在沙面以下 1~3 cm,具有昼伏夜出现象。

(二)日本囊对虾的食性

日本囊对虾以摄食底栖动物为主,兼食底层浮游生物,主要是摄食小型底栖无脊椎动物,如小型软体动物、底栖小甲壳类及多毛类、有机碎屑等。要求食物蛋白质含量达 50 %~60 %。养殖中主要以小型低值双壳类、新鲜杂鱼及配合饲料为主。

二、技能要求

(1)掌握日本囊对虾池塘养殖的准备、放苗方法。

(2)养成管理方法。

(3)掌握养成技术。

三、技能操作

(一)池塘要求及放苗前的准备

养殖池应选择沙质或沙泥质土壤为好,泥质次之。虾池经过一段时间的养殖生产后,池底会沉积一些淤泥和有机碎屑,如果不清理掉,就会逐渐恶化虾池底栖环境,使对虾生长缓慢,甚至得病死亡,降低养殖成活率。

每年进水前一个月左右,都要对虾池进行清淤消毒,固堤整池,同时使池底得到充分的晾晒。池塘消毒可选用生石灰、漂白粉等。生石灰用量每亩 50 ~ 100 kg,既可进行消毒,又可提高土壤的 pH 值,漂白粉对原生动物和细菌有强烈的杀灭作用,使用时选择进水前,虾池放少量水,用量 30×10^{-6} ~ 50×10^{-6} 混水泼撒。也可使用茶籽饼清除害鱼,用量一般 15×10^{-6} ~ 20×10^{-6}。

进水施肥,培育基础饵料。一般在放苗前 10 ~ 15 d,虾池进水 80 cm 左右,选择晴天进行施肥,每亩施尿素 2 ~ 3 kg,以后每周视池水肥度情况进行追肥。天然基础饵料较好的虾池,对虾养殖前期体长在 3 cm 前,基本可以不投饵料。

(二)虾苗放养

1. 虾苗的选择和运输

日本囊对虾的养殖苗种应选择全长在 0.8 cm 以上、个体差异较小、体表清洁无寄生物、健壮活泼、弹跳力强的虾苗。同时应对培育池水质、使用的饵料、亲虾来源及状况进行认真地了解和观察。

虾苗的装运使用无毒的塑料薄膜袋较好,一个容积为 30 L 的薄膜袋,在水温 20 ℃情况下,运输时间在 5 h 左右时可装苗1.5万尾;10 h 左右时可装苗 1.2 万尾;15 h 左右时可装苗 0.8 万尾,最好不超过 20 h。

2. 放苗条件

(1)池水深度 1 m 左右,不宜太浅,水色呈黄绿,肥而清爽。

(2)水温:放苗时虾池水温最好在 18 ℃以上,温度低时生长缓慢,养殖池与育苗池水温温差不超过 2 ℃。

(3)pH 值:虾池 pH 值应在 7.7 ~ 8.8 之间,最低不应低于 7.5。

(4)盐度:虾池盐度应在 17 ~ 30 之间,与育苗池盐度相差不能超过 5。

3. 放苗密度

因时制宜地确定放苗数量。一般条件较好的池塘每亩放苗在 1.5 万尾左右,也可进行双茬或多茬养殖,第一次放苗 6 000 ~ 8 000 尾/亩,7月中旬捕获后再进行第二次放苗,以充分利用池塘水体,提高经济效益。

4.注意事项

(1)应在虾池顺风一端放苗,避免逆风将虾苗刮到堤坝边上。

(2)尽量避免放苗时将池水搅浑。

(三)饵料投喂

1.日投饵量的确定

养殖前期可以用小吊网、中后期用旋网定量法,测定池中虾的总重量,然后确定投饵量。一般情况下,虾体重 1～5 g 时日投饵量按总虾重的 7 %～10 % 投喂,虾体重 5～10 g 时按 4 %～7 % 投喂,虾体重 10～20 g 时按 3 %～4 % 投喂(均指人工配合饲料干重)。

2.投饵时间和数量

日本囊对虾白天潜伏在池底很少活动,日落后出来摄食,而在午夜饱食之后又逐渐恢复潜沙。根据这一习性,饵料投喂应在日落后进行,而于午夜时结束。其中,日落后一个多小时内为日本囊对虾摄食最盛期,此时可投喂日饵料量的 50 %,3 h 后再投 35 %,午夜时投 15 %,视日本囊对虾摄食数量再做调整。饵料要均匀投在浅滩处。

(四)水质调控

1.水温

为使日本对虾养殖过程能保持合适的水温,首先必须合理安排好养殖生产时间,尤其是北方双茬养殖更应注意生产季节。其次,要做好水温的调控,注意天气预报和天气变化。做到:当池水出现高温或低温时,要及时提高虾池水位至 1.5 m 以上,有条件的可达到 2 m 以上,同时注意进水量的增加或减少。

2.溶解氧

为了保证在养殖过程中有足够的溶氧量,应采取以下措施:①合理安排放苗密度。②合理投喂。③注意换水量调节。④机械增氧。⑤使用增氧剂救急。

3.盐度

在养殖过程中应根据实际情况采取适当的措施对盐度进行调控。

4.pH 值

对 pH 值偏低的虾池可放生石灰进行调节,一般每次用量为 20×10^{-6}～25×10^{-6} 混水后施用。

5.水色和透明度

养殖池水的透明度,前期应控制在 30～40 cm,中、后期可控制在 40～50 cm。较好的水色有黄绿色、茶绿色、茶褐色等。不良的水色有黑褐色、酱油色、乳白色、清色等。改善水色和透明度的措施有换水、施肥、施用药物等。出现有害水色可以使用 $0.5 \times 10^{-6} \sim 0.7 \times 10^{-6}$ 的硫酸铜进行杀灭,曾发生过对虾死亡的虾池,应施用 $5 \times 10^{-6} \sim 6 \times 10^{-6}$ 漂白粉进行消毒。

（五）施用茶籽饼

在放虾苗 25 天后开始使用,每隔半个月施用一次,$20 \times 10^{-6} \sim 30 \times 10^{-6}$,在大潮期间施用,全池泼洒,3 h 后再灌入海水,第二天会大量蜕皮。

（六）日常观测

1. 对虾摄食情况

摄食情况反映投放饵料是否适当,底质和水质是否正常,直接影响对虾的生长和健康情况。

2. 对虾生长情况

生长情况的观测主要有成活数和平均体重的估测,体长测定和蜕壳情况等。

3. 对虾活动情况

根据日本囊对虾生活习性观察其活动情况,发现异常情况如对虾不潜沙、活动力降低、反应迟钝、浮头或在水面打转等,应及时采取措施进行处理。

4. 虾池底质和水质情况

虾池底质和水质情况包括池底颜色和气味,水质指标的常规测量等。

模块四
凡纳滨对虾的养殖技术操作技能

实训项目一:凡纳滨对虾的生物学观察、解剖和测定

一、相关知识

凡纳滨对虾外形及体色酷似中国对虾,成体最大个体长23 cm,凡纳滨对虾正常体色白而透亮。全身不具斑纹,大触须青灰色,步足常白垩色。其齿式为5～9/2～4,甲壳较薄,头胸甲短,头胸甲与腹躯之比为1∶3,尾节具中央沟,但不具缘侧刺。

二、技能要求

根据凡纳滨对虾生物学特征,识别外部形态、熟知主要器官的部位、会区分雌雄、掌握测量方法。

三、技能操作

1. 操作前准备

鲜活凡纳滨对虾、解剖盘、剪刀、镊子、直尺等工具。

2. 测量全长、体长、体重

取一尾凡纳滨对虾,将其摆正,测量全长即额角最前端至尾节末端的距离;测量体长即眼柄基部至尾节末端距离。将体表水分吸干,放在天平上称其体重。

3. 观察外形

从头胸甲开始到尾扇观察各对附肢的形态,找出相应部位的脊、刺、沟、齿等,观察交接器官,判断雌、雄,用镊子将每对附肢从附肢基部取下,放入解剖盘中。

4. 内部构造的解剖

小心将一侧的头胸甲剪掉,露出腮,观察其颜色和状态,然后去掉整个头胸甲,在相应的位置找到心脏、胃、生殖腺等。

5. 操作结束

收拾好操作台,做好记录、绘制外形与内部构造图形。

实训项目二:凡纳滨对虾的亲虾培育技术

一、相关知识

1. 生态习性

水温 9 ℃ ~43.5 ℃,最适温度为 25 ℃ ~32 ℃;盐度范围广 0.5 ~35,最适盐度为 14 ~22;pH 值为 7 ~9,最适 pH 值为 8.0 ±0.3;耐干能力较强,溶解氧大于 2 mg/L。

2. 食性

以动物性饵料为主的杂食性。以小型甲壳类、贝类及多毛类等小动物为食。

3. 生长特点

凡纳滨对虾生长较快,在池水盐度 26.4 ~28.2,pH 值 7.81 ~8.04,溶解氧 6.3 ~6.7 mg/L 的半精养池中,生长较好。

二、技能要求

(1)掌握凡纳滨对虾亲虾培育方法。

(2)掌握凡纳滨对虾亲虾选择原则。

三、技能操作

1. 生产场地与设施

亲虾培育池采用半埋式室内设计,每池面积 40 m²,深度 1.0 m;产卵孵化池每池面积 25 m²,深度 1.4 m。车间配备供电、供气、供热、供水等系统,并能调节光照的强弱。

2. 亲虾

雌虾个体重 35 g 以上,雄虾个体重 30 g 以上。凡纳滨对虾使用的种虾多数从自然海区采捕。由于捕捞种虾技术的改进,目前精荚已不易脱落,有的在船上即可收到大量的受精卵。挑选种虾应健康无损伤、活力强,体重 50 ~70 g。

3. 亲虾催熟方法

采用烧灼的镊子切除雌虾单侧眼柄,通过强化营养、保证水质等措施,达到促进亲虾性腺发育的方法。雄虾不用切除眼柄。

4. 亲虾催熟培育管理

(1)培育密度为 8 ~10 尾/平方米。

(2)培育的水质因子及控制:催熟培育水温为 26 ℃ ~28 ℃,并进行恒温培育,温差应小于 1 ℃,水体 pH 值控制在 7.8 ~8.3,海水盐度必须保持在 23 ~

30,盐度低时加盐或海水晶进行调节。

（3）光照的调节:催熟培育期间要避免强直射光的照射,以弱光为好。雌虾的光照强度控制在 50～100 lx,雄虾的光照强度控制在 50～200 lx。特别是在诱导交配期间(14:00～24:00),雄虾池的上方必须安装 2 支 30W 灯管,以提高光照强度,利于交配的进行。

（4）饵料的投喂:活沙蚕、牡蛎肉、新鲜鱿鱼等是培育亲虾的常用饵料,日投喂量为亲虾体重的 25 % 左右,分 6 次定时投喂,投喂量应依据亲虾每次摄食情况、残饵的多少灵活调整。

5. 培育期间的病害防治措施

（1）消毒方法:亲虾培育池、产卵池以及工具等在使用前要用 50×10^{-6} ～ 100×10^{-6} 漂白粉或 30×10^{-6} ～ 50×10^{-6} 高锰酸钾进行消毒,使用工具还应专池专用。亲虾入池前或产卵前要用 30×10^{-6} 聚维酮碘或 200×10^{-6} 福尔马林消毒 3 min。

（2）用水采用二级沙滤,再经紫外线消毒后方可使用,使用时用 2×10^{-6} EDTA 络和重金属离子。

（3）每周定期使用药物浸浴虾体,防止真菌感染。

（4）发现病虾立即隔离,对症采取相应措施。

6. 降低亲虾死亡率的措施

（1）亲虾移入室内应选择阴凉天气,室内水温调节在较低范围,避开高温期。

（2）亲虾暂养用水采用紫外线消毒器消毒海水,并投入有益活菌 10×10^{-6},抑制病菌以形成优势种群。亲虾池的水质要进行亚硝酸态氮监控,使亚硝酸态氮含量小于 0.1 mg/L。生产表明,一旦亚硝酸态氮含量大于 0.3 mg/L 时,会造成部分成熟亲虾死亡。

（3）切除眼柄手术时,镊子温度要高,动作要快,使切口愈合快,并用药物进行虾体体表消毒 1 min。

（4）培育期间,发现个别有体表症状,如红体、黄体、鳃肿的亲虾,要立即隔离处理,并使用药物全池药浴。

（5）定期在饲料中添加深海鱼油、维生素 C、免疫多糖等,以增加亲虾免疫力。

实训项目三:凡纳滨对虾的催产孵化技术

一、相关知识

凡纳滨对虾为开放型纳精囊类型。雌雄虾性腺完全成熟后,才进行交配。交配后数小时,雌虾开始产卵。精荚同时释放精子,在水中完成受精。凡纳滨对虾人工育苗,大都采取种虾任其自然交配的方式,然后挑选交配过的雌虾,放入孵化槽内产卵及孵化。此种方式,虽然能够大量生产虾苗,但需要较多的种虾。

交配产卵亲虾的挑选时间要合理安排,由于凡纳滨对虾交配与产卵时间不同步,通常是在产卵前几个小时进行交配,交配时间在下午4时至晚上12时,而成熟度较好的亲虾,不论是否交配都可以产卵,且产卵时间一般在21时至第二天早上4时。所以,挑选交配亲虾移入产卵池时间应分两次进行,第一次在晚上8时,第二次在晚上12时。这样有利于提高成熟亲虾的交配率,又避免较早交配亲虾提早在雄虾池内产卵,同时也避免因挑选时间过早造成部分交配较晚的亲虾留选,造成资源浪费,影响培育效果。

诱导交配与产卵孵化。亲虾催熟培育期间,每天中午后检查亲虾性腺发育情况,凡性腺成熟达到Ⅳ期的亲虾,用手抄网捞到雄虾培育池,通过人工调节光照、水环境等,诱导亲虾交配。晚上将交配的亲虾(具有精荚粘着在雌虾腹部的个体)送到产卵池产卵,第二天早晨捞起产卵亲虾到雌虾培育池培育,受精卵在弱气状态下孵化,6~10 h后可孵出幼体。

二、技能要求

(1)掌握凡纳滨对虾人工催产方法。

(2)掌握凡纳滨对虾移植精荚的操作。

(3)掌握凡纳滨对虾受精卵的孵化管理技术。

三、技能操作

1. 育苗设施

人工繁殖凡纳滨对虾,采用日本式育苗设施较普遍,一般为玻璃纤维制成的长方形水槽。容积为10~15 m³。育苗用水必须经过2~4次过滤,单胞藻培养用水处理更加严格。常用柴油锅炉加温,用热水循环的方式供水,用罗茨鼓风机充气。

2. 种虾培育及产卵孵化

以雌雄比例2:1放入室内蓄养,密度为10~15尾/平方米,水温28 ℃~29 ℃,盐度23~33。每日蓄养池换水50 %左右并进行充气。地面以黑色网布遮盖,池内照明度<100 lx,以新鲜牡蛎、乌贼、冷冻蚕沙等作饵料。日投饵量为对虾体重的25 %左右。

3. 种虾人工催产及精荚移植

从自然海区采集的种虾经过一段时间蓄养。待其完全适应池内环境条件以后,进行人工挤眼球作业。首先,将蓄养的种虾捞入充气的黑色桶内,再将雌、雄虾皆挤去右眼球。操作宜在水中进行。然后,将去眼球的种虾放回原池继续培养。再经一段时间蓄养,去眼球的种虾性腺会陆续成熟,此时进行人工移植精荚凡纳滨对虾开放型纳精囊位于第三至第四对步足之间,性成熟的雄虾其精囊呈乳白色。人工移植精荚须选择成熟度高的雄虾,在其第五对步足基部以拇指数次轻推,精荚可排出。然后将精荚黏附在雌虾纳精囊位置上,再小心地将雌虾放入小型黑色桶内,待其产卵、受精。桶用黑色网布遮光,内充气量要小,以防精荚脱落。

4. 雌虾产卵及孵化

经人工移植精荚的成熟雌虾一般在半夜产卵、受精。凡纳滨对虾怀卵量较少。一般雌虾 1 次产卵只有 10 万 ~ 15 万粒,但其繁殖期较长。雌虾产卵后。将其捞出,经洗卵后,再加大充气量,并加入 EDTA 和防病药物,经 12 ~ 14 h 即可孵出无节幼体。

实训项目四:凡纳滨对虾的幼体培育技术

一、相关知识

凡纳滨对虾幼体包括无节幼体 6 期,溞状幼体 3 期和糠虾幼体 3 期。仔虾培育到 P_{10} 出售。无节幼体经 6 次蜕皮后成为第 1 溞状幼体,溞状幼体经 3 次蜕皮后进入糠虾期,再经 3 次蜕皮后变态成仔虾。上述变态过程需经 12 次蜕皮,历经约 12d。

1. 无节幼体(N)

身体不分节,仅具 3 对附肢,无口器和消化道,不摄食,体长 0.33 ~ 0.43 mm 左右不超过 0.5 mm,仅具单眼。

2. 溞状幼体(Z)

身体分节,附肢多于 3 对,具口器和消化道,幼虫摄食,具复眼,体长大于 0.5 mm,有明显的头胸甲,体长 0.78 ~ 2.06 mm,,生活时体后拖带细长的粪线。

3. 糠虾幼体(M)

具腹肢,但不能用以游泳,胸肢发达,双肢型,生活时头朝下倒立,体长 2.65 ~ 3.68 mm。

4. 仔虾期(P)

P_1 体长 4.0 ~ 4.25 mm,生活时个体作水平游动。体长 1 cm 以上可以出苗。

二、技能要求

掌握幼体培育方法。

三、技能操作

1. 利用幼体趋光特性将幼体捞入培育池进行培育

2. 幼体发育条件

幼体培育适宜水温为 28 ℃ ~ 31 ℃,盐度为 28 ~ 35。pH 值 8 左右。育苗池水盐度为 25 ~ 30,pH 值为 7.8 ~ 8.2,溶解氧不低于 6.0 mg/L。

3. 饵料的选择

由于幼体个体较小,饵料的选择十分重要。N_1 ~ N_6 主要投喂单胞藻类;Z_1、Z_2 以螺旋藻粉、豆浆、蛋黄为主,辅以酵母;Z_3 以蛋黄、轮虫为主,定期投喂酵母;M_1、M_2 以蛋黄、轮虫、虾片为主;M_3 以卤虫无节幼体为主,辅以轮虫等;P 以卤虫无节幼体为主,投喂少量碎卤虫成体。

4. 病害防治

育苗期间为预防突发性的病害发生,可用 1×10^{-6} 以下的抗生素处理。

5. 生物饲料的培养

饵料包括浮游动物和浮游植物以及鱼糜等,浮游动植物是采用人工室内外纯种培养和育苗池中施肥培育等方法进行。

(1)浮游植物培养:室内外人工培育浮游植物的种类有角毛藻、扁藻和海水小球藻等三种。分别进行单一纯种和高密度的大量繁殖藻类,以补充育苗池中的急需。

(2)浮游动物培育:室内人工培养浮游动物的主要种类有褶皱臂轮虫和丰年虫两种。大量繁殖轮虫,主要采用降低盐度,并以扁藻、美国酵母等方法饲养,繁殖较快。

丰年虫卵其培养方法有两种。一种是采用高温高盐度浸泡法,即每 500 g 丰年虫卵,500 g 食盐混合浸泡于 800 mL 海水中,控制水温 35 ℃,历时 6 h,然后移入水族箱或水泥池中进行加温、充气、孵化,取其无节幼体进行投喂。另一种方法就是利用盐度 30 以上的过滤海水,按每升水放 2 ~ 3 g 丰年虫卵计算,在水泥池中加温 28 ℃,充气滚动 20 ~ 36 h 丰年虫卵孵化出无节幼体。

6. 饵料的投喂

(1)当无节幼体Ⅱ期时,便引进角毛藻,一般 5 万 ~ 10 万个/毫升硅藻,同时施尿素复合化肥,每次投放 5 g/m³,3 ~ 5 d 一次。

(2)溞状Ⅱ期时,便投入轮虫,投入数量为 0.1 ~ 1 个/毫升。

(3)溞状幼体Ⅲ期和糠虾幼体Ⅰ期时,在育苗池中投入轮虫和丰年虫无节幼体,一般投入 5 个/毫升。并根据每天镜检结果,源源不断地补充丰年虫无节幼体,直至凡纳滨对虾幼体发育至仔虾第 4 d。仔虾第 5 d 开始喂鱼肉糜为饵料。

(4)仔虾发育进入第 5 d 时,均以鱼肉、小白虾、双壳类肉进行投喂。投喂数量以 30 万尾仔虾,每天投喂新鲜饵料 500 g。以上新鲜饵料均由绞肉机绞成肉糜,然后用 40～50 目筛绢过滤。洗去内脏,污水等,仅留肉渣投喂,防止水质污染。

7.保持育苗池生物生态平衡

在育苗期间设有专人,每天上、下午测定各育苗池中单细胞藻类的数量和种类。每天镜检育苗池中藻类数量多少和幼体发育阶段,数量变动情况及气候、阳光等变化,适当增减化肥数量,以保证育苗池中有充足饵料。

8.幼体培育池的管理

(1)每天进行各期对虾幼体发育镜检、计数,及时掌握各期幼体的成活率。

(2)每天上、下午进行浮游动植物种类、数量的镜检。

(3)根据育苗池幼体和仔虾的发育情况,及时排出育苗池旧污水,添加适量的新鲜海水。仔虾期换水量较大,一般换入一半或 2/5 的新鲜海水。

(4)育苗池要及时施化肥或添加一定数量浮游植物、轮虫和丰年虫无节幼体,保证育苗池生物生态趋平衡。

(5)保持育苗池水温相对稳定,要安装恒温控制器增温。

(6)为抑制育苗池细菌繁殖,促进对虾幼体正常发育,投入 $0.5 \times 10^{-6} \sim 1 \times 10^{-6}$ 土霉素等抗菌素药物。

(7)保证育苗池 pH 值相对稳定,降低水体氨氮含量,特别从仔虾第一天开始,停止硅藻投放,改用扁藻,一般控制在 5 万/毫升个左右。

(8)在整个幼体培育阶段均保持连续不断地充气,保证育苗池水体有充足的溶氧。

实训项目五:凡纳滨对虾的养成技术

一、相关知识

(1)凡纳滨对虾对温度的要求是 22 ℃～31 ℃,温度变动范围为 16 ℃～36 ℃。

(2)盐度变动范围为 10～35。

(3)pH7.8～8.6,变动范围为 7.3～9.0。

(4)溶解氧在 4 mg/L 以上,氨氮在 0.5 mg/L 以下,亚硝酸氮在 0.02 mg/L 以下,水色呈黄绿色、茶褐色,水的透明度 25～40 cm。

二、技能要求

掌握凡纳滨对虾的养殖方法。

三、技能操作

1.养殖场地

半精养池面积一般为 40~50 亩,池深 1.5m,池底平坦且向排水口倾斜,进水口与排水口要严格分开,间隔距离越大越好。精养池一般为 10 亩左右,池深 2.5~3 m,最好为圆形或正方形去角成圆弧形,池底向中央倾斜,成锅底形,排水口位于池中心,工厂化养殖池面积为 400~600 平方米/个。池深 1.5 m 以上。

2. 彻底清塘消毒

池塘在放养前必须做到清淤、消毒、曝晒。池塘清除底泥后,用生石灰 70~80 千克/亩化浆均匀泼洒,以杀灭池中有害生物和病原生物;经 3~4 d 晒池后冲洗池塘,将石灰水冲掉;再进水 5~10 cm,使池水 pH 值为 8.0~8.6,然后按 200~250 克/亩用量全池泼洒长效水体消毒剂、溴氯海因等,彻底杀灭病原生物和有害生物。

3. 放苗前准备

(1)水质条件:水质要求清新、无污染、溶解氧 5 mg/L 以上,pH 值 7.8~8.5,透明度养殖前期 30~40 cm,中后期 50~60 cm。池底 H_2S 浓度不超过 0.01×10^{-6}。

(2)配备增氧机:对精养池、半精养池的池塘一定要配备增氧机。配备数量根据计划单产指标来定,如亩产指标 400 kg,每亩配置 1.1 kW 电机频率 50 Hz 0.5 台,如亩产指标 600 kg,配置 0.8 台。在具体生产中 1.1 kW 的增氧机可供 4 亩养虾水面的增氧。

4. 培养基础饵料生物

培养基础饵料生物的时间按采取不同的养殖方式和纳水办法确定。一般养殖池在放苗前 10~15 d 进行,培养方法可在清塘后一周左右,进水 50 cm,晴天上午施有机肥或化肥培养基础饵料生物。施尿素 3 千克/亩,过磷酸钙 0.5 千克/亩,或全池泼洒活力菌 0.5~1 g/m³,使池水呈黄绿色或茶褐色,透明度 25~40 cm,pH 值在 8.0 左右。施肥量要根据虾塘底质等情况灵活掌握。

5. 虾苗放养

(1)虾苗选择:要选择健壮活泼、规格均匀、体表干净、肠道饱满、反应灵敏、躯体透明度大、无病灶、活力强的南美白对虾虾苗。

(2)规格:一般规格为 1.0~1.2 cm,最好是体长 1.5 cm 以上。

(3)适时放养:凡纳滨对虾苗最适生长水温为 22 ℃~31 ℃,此水温范围内,放养虾苗生长速度快,摄食量大,体质健壮、抗病力强。

(4)放养密度:一般虾塘为 1.5 万~2 万尾/亩,半精养虾 2 万~3 万尾/亩,精养虾塘 3 万~4 万尾/亩,工厂化养殖 200 尾/平方米,具体放养密度根据池塘条件、养殖技术、管理水平而定。

放养虾苗时,要做好兑水工作,使苗袋里的水温和池水温度基本上保持一致时,才能在上风头的池边和左、右两旁进行开袋放养。

6.饲养管理

(1)池塘水色的调控:理想的水色是由绿藻或硅藻所形成的黄绿色或黄褐色,常规的调控方法是在池水中按比例施入氮肥和磷肥。到养殖中、后期由于残饵及虾体排泄物增多,水色变深,要适量换水、加水或施入一定的沸石粉或生石灰来控制水色。

(2)维护虾池生态平衡:实践证明,凡浮游生物少的池塘,对虾发病早,体长仅 5 cm 就可能发病;反之,体长 8 cm 以上才见个别虾体出现病症。通常池塘消毒后 3 天,以 1 千克/亩用量的活性微生态剂拌于沙土中,撒于池底,然后纳水、肥水、肥水时用底质改良剂 2 g/m^3 全池泼洒,可有效维护虾池生态平衡。

(3)控制池水的 pH、溶解氧、透明度

随着养殖对虾的生长,虾体对水中的溶解氧的需求量也越来越大,前期应视水质状况采取间歇开增氧机,随后逐渐延长开机时间,精养池和工厂化高密度养殖池到中、后期必要时需 24 h 开机,以保证池水溶解氧的含量在 5 mg/l 以上,池塘底层溶氧量在 3 mg/L 以上,最低不能低于 1.2 mg/L。养殖前期,透明度保持在 25～40 cm,中后期应保持在 35～60 cm,若透明度少于 20 cm,应适量换水、加水或施入沸石粉、生石灰,若透明度过大,可适量追施氮肥和磷肥以调控水质。

(4)投喂:一般投喂廉价的冰鲜鱼浆和小贝类,也可投喂一些配合饵料。投饵量应根据虾的大小、成活率、水质、天气、饲料质量等因素而定。养殖前期(1～3 cm)日投饵量为虾体重量的 8 %～10 %,中期(3～10 cm)5 %～7 %;后期 3 %～4 %。每天多次投喂,晚间投喂量占 60 %～70 %。

(5)日常管理:每天早、中、晚、午夜巡塘,观察水色及对虾活动情况、生长情况和饱食率,以调节投饵量和是否开增氧机。

7.病害防治技术

放苗后 30～60 d 是凡纳滨对虾病毒性疾病高发期,这期间要按不同疾病预防措施施用药。

(1)生物防病:使用活性微生态制剂或底质改良剂调节水质,在饲料中添加活性饲用微生物、FRC～活力源添加剂等,能有效改善对虾的肠道功能,增加其对饲料的吸收率,并抑制病菌发生,增强机体免疫能力,促进对虾生长。

(2)药物防病:每隔 10～15 d 可全池泼洒溴氯海因、二溴海因、二氯海因等海因类消毒剂 1 次,用量 0.2×10^{-6}～0.3×10^{-6}。在饲料中经常添加虾促生长剂和纯中药制剂、FRC－活力源添加剂、免疫增强剂等绿色产品,可增强虾体免疫力,去除虾体内有害物质,起到防治疾病的功效。

模块五
龙虾的增养殖技术操作技能

实训项目一：龙虾的生物学观察、解剖和测定

一、相关知识

1. 龙虾

龙虾属节肢动物门，甲壳纲，十足目，龙虾科，我国生产的龙虾有龙虾属和脊龙虾属。龙虾有 12 种之多，最常见的有锦绣龙虾、日本龙虾和中国龙虾。锦绣龙虾最大，可达 55 cm，日本龙虾较小。龙虾味道鲜美，营养丰富，体色瑰丽，被视为"虾中之王"。龙虾食性杂，以贝类、小杂鱼、小动物和海藻为主要饲料，喜欢栖息在岩礁缝隙及洞中，昼伏夜间活动并摄食。龙虾在美国、法国等国家是价值较高的养殖品种，在中国还没有形成大批量的生产，有的渔民将大自然捕获的龙虾做短时间的暂养，价格高时再卖出，人工养殖龙虾是可行的。广东省湛江市郊区于 1988 年 8 月开始人工养殖龙虾，经过 3 年的实践获得成功。

2. 龙虾的形态特征

龙虾的身体由头胸部、腹部和附肢组成。龙虾属的种类身体前端不具额角，仅有额板，无眼眶，具眼上刺；第一触角柄部细长，分 3 节，末端生出内、外两肢；第二触角柄部粗壮，亦分 3 节，具大棘，末端坐生一长鞭，柄部第一节基部内凹，与额板侧缘之隆脊构成特殊的摩擦发音器。步足 5 对形状相似，末端呈爪状，雌性第五步足末端形成假螯，可作为识别雌、雄特征之一，腹部较短小，腹肢十分退化，两性皆不具第一腹肢，第二至第五腹肢呈叶片状，雄性单肢，无内肢，雌性双肢，内外肢均发达，尾肢宽阔，与宽大尾节形成强大的尾扇。

脊龙虾属头胸甲棱柱形，眼上刺中间愈合，额板窄，不具刺。第二触角基部相邻，遮盖第一触角基部，其触角鞭呈棒状。雌性第二腹肢内肢具一发达的附着突起。

3.我国所产龙虾种类

（1）脊龙虾：头胸甲呈长方盒形，前缘左右各具一大侧齿和两个中间小齿；眼上刺短而宽；第一触角柄不超过第二触角的末端，第二触角粗大呈棒状，身体背面黄红色。

（2）泥污脊龙虾：背表面比脊龙虾粗糙，具颗粒；第一触角柄明显长于第二触角柄，身体背面棕黄色。仅分布我国南海。

（3）中国龙虾：额板有 2 对粗短的大刺；第二至第六腹节之背甲各有一较宽的横凹（第五、第六节的不太明显），其中生有短毛；第二颚足外肢无鞭，第三颚足无外肢。

（4）锦绣龙虾：额板具 2 对大刺，中间还有 1 对小刺；头胸甲刺少且短小，腹部背面光滑平坦，无任何沟和凹陷。体有色彩艳丽的花纹和斑块，该种个体较大。

（5）波纹龙虾：第二至第六腹节背甲近后缘处各有一横沟，其前缘呈波纹状，波状边缘十分明显，并生有短毛，腹部背甲和侧甲布有粒状或弯月形凹点。额板具 2 对大刺，其间有 1～2 对小刺；第三颚足不具外肢，第二颚足外肢无鞭。

（6）日本龙虾：额板仅 1 对大棘，其后无小刺或有很少分散的微小刺。头胸甲后缘沟窄而深，宽度约为其至后缘处的 $1/2$。第二至第五腹节背面近后缘处具横沟，其中二、三节横沟的前缘中间有较浅的缺刻。

（7）密毛龙虾：额板有两对大刺，且前后刺的基部连在一起。头胸甲上小刺较多。腹部背甲具横沟。第二颚足外肢具鞭，第三颚足外肢无鞭。

（8）长足龙虾：额板具 1 对大刺，其后各有 2～3 个小刺，斜向外排成一行。第二至第五腹节的横沟均与侧甲沟相连，背甲上具有许多较大的黄白色小圆点。第二步足最长，雄性第二腹肢无内肢。

（9）黄斑龙虾：额板 1 对大刺，眼上刺粗短；腹部背甲无横沟，其上布有许多粒状刻点，以第二、三节最为密集，各节后缘棕色，其间有一较宽的浅黄绿色带。第二颚足外肢具鞭，第三颚足无外肢。

（10）杂色龙虾：额板具 2 对大刺；头胸甲背面各区域之间的纵横沟深而宽；腹节背甲无横沟，腹肢竹叶状，末端较尖，头脚甲具棕紫色大花斑，腹节后缘紫色，其间贯穿黄色横带。

二、技能要求

（1）根据龙虾的生物学特征。

（2）识别不同种类。

（3）熟知主要器官的部位。

（4）会区分雌雄。

(5)掌握测量方法。

三、技能操作

1. 操作前准备

实验前准备好龙虾标本、解剖盘、剪刀、镊子、直尺等工具。

2. 测量全长、体长、体重

取一尾龙虾,将其摆正,测量全长即额角最前端至尾节末端的距离;测量体长即眼柄基部至尾节末端距离。将体表水分吸干,放在天平上称其体重。

3. 观察外形

从头胸甲开始到尾扇观察各对附肢的形态、找出相应部位的脊、刺、沟、齿等,观察交接器官、判断雌雄、用镊子将每对附肢从附肢基部取下,放入解剖盘中。

4. 内部构造的解剖

小心将一侧的头胸甲剪掉,露出腮,观察其颜色和状态,然后去掉整个头胸甲,在相应的位置找到心脏、胃等消化系统,生殖腺等生殖系统。

3. 操作结束

收拾好操作台,作好记录、绘制外形与内部构造图形。

实训项目二:龙虾的亲体培育技术

一、相关知识

(1)龙虾属的种类生活在多岩礁的浅水地带,栖于数十米深的岩礁缝隙、石洞或珊瑚窟窿之中。

(2)龙虾昼伏夜出,白天藏匿洞中,仅显露两对触角和头部,用以感触外部动向;夜间外出觅食,为肉食性种类,凡能得到的小鱼、虾、蟹类、小贝类、海胆、藤壶、多毛类等均可为食片。龙虾食量大,耐饥能力长达 7 ~ 10 d。

(3)龙虾依靠步足爬行,不善游泳,行动较迟缓,但触角反应较灵敏,遇有敌害就转动第二触角,由摩擦发音器发出吱吱声响,用以惊吓对方;受惊时,龙虾常屈腹弹跳,引体向后,受捕后便用尾扇频频拍打胸部挣扎摆脱;龙虾喜厮斗,常以俯冲方式攻击敌害。

(4)龙虾有群栖习性,虾群区域性明显,常因季节水温变化和索饵、生殖等因素发生迁移。通常,夏季栖于浅水处,秋冬移向较深海区,繁殖时又到浅海处。生命周期长达几年,每年 4 ~ 7 月份产卵,属多次产卵种类。

(5)中国龙虾缺氧容易死亡,雌虾耗氧量为 124.62 mg/kg,雄虾为

262.16 mg/kg。

二、技能要求

掌握龙虾的亲体培育方法。

三、技能操作

亲虾培育分两个阶段。非繁殖季节可将亲虾养在网箱中,投喂新鲜饲料;繁殖季节时移至室内培育。

(1)室内培育池投放陶管或塑料管,池面覆盖黑色薄膜。

(2)雌雄比2:1,密度为1尾/平方米。

(3)盐度28~35,每日清污,日换水量为培养水体的80 %~100 %。

(4)投喂新鲜杂鱼、小鱿鱼、沙蚕、虾类、贝类。投饵量按体重的5 %~8 %。每天晚上投喂一次,饵料投喂前用聚维酮碘5 mg/L消毒15 min,再洗净投喂。

(5)繁殖期间亲虾培育阶段尽量不要惊扰。

实训项目三:龙虾的繁殖技术

一、相关知识

1.龙虾的个体发育

一般在孵化后10~14 d发育成第四期幼体,出现第四期幼体的高峰期是在孵化后的11~13 d,龙虾浮游幼体是捕食运动性的饵料。

龙虾幼体在孵化后11 d内个体发生变态,成活率为50 %,底栖生活后群体饲养的成活率为70 %,用贻贝投喂到3龄,龙虾4龄开始产卵,5龄雌虾有60 %个体抱卵。

龙虾一生包括叶状幼体、游龙虾幼体、稚龙虾、成虾阶段。经历浮游、游泳、底栖生活。

2.龙虾的性腺发育

龙虾的头胸甲5~6 cm时性成熟,个体重150~750 g时产卵,中国龙虾的繁殖季节为3~9月份,产卵高峰期在5~7月份。平均坏卵量18.8万粒,最多22.4万粒,最少9.9万粒。

雄虾精巢1对,棒状,后端接输精管,以生殖孔开口于第五步足基部。精子的发生需经过精原细胞、初级精母细胞、次级精母细胞和精细胞等发育形态。

卵巢成对,也为棒状,中间缢细,由连接部相连,卵巢下接输卵管,以生殖孔开口于第三步足基部。卵子发生需经过增殖期、生长期和成熟期。在繁殖季节中,卵原细胞多次分裂而增加数量,其中一部分卵原细胞进入生长期成为卵母细胞,随卵黄增加并经成熟分裂而成次级卵母细胞,最终发育为成熟卵子。

3. 交配与产卵

龙虾在春、夏之际开始交配,交尾行为一般是在刚蜕壳的雌虾与未蜕壳的雄虾之间进行。雌、雄虾相对紧贴,雄虾从第五步足基部突起的生殖孔排出精液,黏附在雌虾第四、第五步足间的腹甲上,不久黏液表层硬化而成黑色团块,此后雌虾从第三步足基部的生殖孔将成熟的卵子产出,并用第五步足挪动卵子移向腹部,同时拉开团块释出精子使卵受精。随卵产出的胶状物接触海水后凝结成卵带,系卵于第二腹肢内侧及第三至第五腹肢两侧,卵径 0.7 ~ 0.8 mm,球形,橙红色,抱卵量因个体大小而异,一般几十万粒至100 多万粒,由卵带串成葡萄状,整个卵群在水中随着腹肢不断搧动而舒张摆动,有利于卵子发育。

4. 胚胎发育

中国龙虾的卵为中黄卵,卵黄丰富。胚胎发育需经过卵裂期、囊胚期、原肠期、无节幼虫期、7 对附肢期、9 对附肢期、11 对附肢期、复眼色素形成期、膜内幼体期等至幼体破膜而出。

在复眼色素形成期内,心脏原基已形成。复眼色素区域不断增大,可占视叶直径的一半,从这期开始已可见胚体腹部的伸缩运动,胸肢伸长也很快,到期末时已全部向背弯曲,伸至胚体背面。随着卵黄进一步缩小,卵的透明度也逐渐增大。

发育至膜内幼体期,其胸部和腹部分界明显,此时卵黄耗尽、卵膜变脆,稍触即破,幼体便破膜而出。

胚胎发育在盐度 20 ~ 25、酸碱度 7.8 ~ 8.5、水温 24 ℃ ~ 27 ℃时,需 25 天左右即可完成,在发育过程中,溶解氧在 6 ~ 8 mg/L。多数龙虾可一次孵化完毕,但也有龙虾分批孵出幼体的现象,龙虾孵化完成后,时隔 10 ~ 15 d,雌虾还可再次抱卵并孵出幼体。

5. 幼体发育

出膜后的幼体,两眼细长,身体极度扁平,头胸部宽大,腹部短小,附肢十分纤细,形似压扁了的蜘蛛,因其体薄如叶片,故称之叶状幼体,体长 15 ~ 25 mm,它靠第三颚足及第一、二步足的羽状外肢来运动,运动方式特殊,常以退为进,时常头部朝下,身体翻转,趋光性很强,在海区叶状幼体能借助洋流漂泊到很远海区,这也是龙虾分布范围广泛的主要原因。

在人工培育的条件下,叶状体经 240 ~ 510 d,蜕皮 30 次,变态成水色透明游龙虾幼体,体长 20 ~ 30 mm,骨骼是软的,没有石灰质,已能游动,游龙虾经 12

~15 d,蜕皮变态为 2.5 cm 稚龙虾。经 2~3 周,再蜕皮一次,体表产生花纹。须经蜕变 3 次约 6 个月才能变成形似成体的幼龙虾。

龙虾幼体发育适宜的水温为 23 ℃~28 ℃,海水相对密度 1.023~1.025,要求有较高的溶解氧,随着发育进展尚需有波浪条件,因此要在人工育苗条件下完成幼体发育全过程难度较高,我国将中国龙虾叶状幼体变态到第四期(韦受庆,1985),美国的 Dexter 使用较现代化的装置,花了 114 d 将 *P. interruptus* 的叶状幼体培育到第六期,而日本的井上正昭花了十几年时间第一个完成了日本龙虾(*P. japonicus*)的幼体发育,培育 253 d,使叶状幼体变态至第十一期,完成幼体变态全过程。

在自然界生长的幼体,只捕食端足类、多毛类等小动物,由于龙虾幼体具有潜伏习性,能逃脱天敌的捕食。

6.蜕壳生长

龙虾通过蜕壳增大身体,在水温高的夏季在营养充足时,蜕壳一次体型可增大 5 %~8 %,蜕壳前,硬壳之下的软壳已经形成,蜕壳时,头胸甲后端向上耸起,在头胸甲与腹部交界处的背面产生裂缝,随着裂缝增大,新体就从裂缝中退出旧壳。在蜕去旧壳的同时,龙虾的鳃、胃、后肠也一一脱旧更新。蜕壳后的龙虾需 3~5 d 才能使软壳硬化。

龙虾蜕壳周期长短与水温及其他环境条件有关,成熟前的龙虾蜕壳生长快速,成熟后的雄虾仍然保持较快的生长率,而雌虾则由于消耗较大能量用于产卵,抱卵孵化而生长较慢。人工养成头胸甲长为 8 cm 的龙虾,约需 2 年时间。

二、技能要求

(1)掌握龙虾的繁殖习性。

(2)掌握龙虾的幼体培育方法。

三、技能操作

1.龙虾交尾

刚蜕壳的雌虾,身体处于瘫软状态,开始增加体重约需数小时,此时放入雄虾就可发生交尾行为,交尾时间为 15~60 min,雌虾蜕壳后,甲壳逐渐硬化,甲壳硬化使交尾发生困难。

2.水温控制

雌龙虾在交尾后 20 h 内排卵,产卵一次约须 30 min,排出卵粒紧附在卵刚毛上。通常产卵水温在 28 ℃左右为佳。温度高,卵易变质。

3.受精卵的孵化

龙虾幼体的孵化一般在五六月份开始,卵粒受精后由棕黑色变棕色,至孵化前卵粒又变成透明红色,不透明者为死卵。22 ℃时,需要 50 d 才能孵化出来;25 ℃时,受精卵需 30 d 左右孵化出来。孵化的时间是从太阳刚落山开始到半夜为止。刚孵化的幼体浮游于表层,随着水流集中于排水口的网槽中,第 2 d 早晨用网捕获浮游表层的幼体。雌虾可抱卵 2 ~ 3 次,抱卵雌虾孵出叶状体后相隔 10 ~ 20 d 再次交配、抱卵。28 ℃时受精卵经 3 周后孵出,未受精卵 3 天内从雌龙虾腹内自行脱落。卵经 20 d 后孵出幼苗。

4. 浮游期幼体

孵出后一天颜色变淡,22 d 体色透明成水色,带少许色素,触角变长,蜕壳,同时第一对尾扇之外侧均长满刚毛。从此开始摄食,首先是轮虫或卤虫,食物过饱或没有摄食都会死亡。除食物之外,还要添加维生素,幼体才能长期生存。

孵化的第Ⅰ期幼体,在水温约为 20 ℃的水中饲养,并充分投喂卤虫饵料,在 2 d 内发育到第Ⅱ期幼体,此后 3 d 后发育到第Ⅲ期幼体,再经 4 ~ 5 d 发育到第Ⅳ期幼体,直到变态,孵化后变态前的浮游生活期最短为 9 ~ 10 d。

5. 浮游期幼体和水流

曝气是饲养甲壳类幼体的一项极为有效的措施,如果采用强曝气措施,幼体头胸甲与鳃之间出现气泡,会影响幼体活动和呼吸,引起体质衰弱,导致幼体浮头死亡。所以曝气不能太强。

随着龙虾幼体下沉水池后,只要不产生从底部向上强烈的水流,龙虾一般难于再浮游到海水表面。

6. 浮游期幼体的饵料

(1)卤虫无节幼虫是第Ⅰ期幼体的适宜饵料。

(2)第Ⅱ期以后饵料需要量更大,可将海水培养的小球藻或者海洋酵母投喂轮虫,饲养 10 ~ 14 d 以后作为龙虾幼体饵料。

(3)虽然鱼和贝类的肉片等非活性饵料也可使用,但由于无浮游性,其饵料价值较差,要使成活率达到 50 %,只能以活卤虫为饵料。

(4)一般认为龙虾幼体不直接需要植物性浮游生物,但是在繁殖单细胞绿藻类的水池中,龙虾幼体成活率有提高倾向。

7. 变态后的幼体

(1)第Ⅳ期幼体的形态为成体型,在生态上处于从浮游生活向底栖生活的过渡期。

(2)第Ⅳ期幼体约经 12 d,发育到第Ⅴ期,幼体在每个巢穴中只潜伏一尾个体,除了极短时间捕获饵料外,一般不离开巢穴。

(3)龙虾幼体变态后大约 2 d,开始在底质铺放的沙子和石砾邻接处挖掘巢穴,潜伏石下。

(4)在龙虾不能挖掘巢穴的底质,用笼子也能饲养。

(5)龙虾幼体通常是以变态后第Ⅳ期幼体作为苗种放养。

(6)在底部铺设牡蛎壳的混凝土水池放养第Ⅳ期幼体,成活率大约为80％。

实训项目四:龙虾的增养殖技术

一、相关知识

海水龙虾味好、个大、营养极丰富,被视为"虾中之王",海水龙虾广泛分布于我国东南沿海的福建、广东及台湾等地,特别是中国龙虾在福建占龙虾总产量的80％以上,其次为锦绣龙虾,福建省平潭县的澳前南赖村和幸福洋村的渔民曾有养殖并初见成效。

龙虾在自然海区长成商品规格约需4～5年,在人工强化饲养条件下,只需2年左右就能达商品规格。它在自然环境中孵化的幼体,虽数量相当可观,但成活率不高,采取人工育苗措施,既可大大提高成活率,又有利于增殖龙虾资源。

养殖基本条件海区常年海水水温18 ℃～32 ℃,盐度31～38,pH 值8.0,海水透明度在8 m 以上,周围海岸带无污染源,养殖池内水深平均2m 以上。由于天然苗种大小参差不齐,苗种间残杀严重。龙虾多在夜间觅食,偶尔也会白天摄食,饵料以低值贝类为主。

中国龙虾在人工养殖池内每年脱壳1～3 次,小龙虾比大龙虾脱壳次数多,通常个体重200 g 以下的龙虾每年脱壳2～3 次,个体重300 g 以上的每年脱壳1～2 次,每一个脱壳周期,个体重增加50 ％～80 ％。

二、技能要求

(1)能进行投饵、换水、施药、水质管理等操作。

(2)能操作分池、移池、控制密度、检查幼体状态、控制投饵量、判断生长情况、能妥善保管常用药物、识别寄生虫、能称量和测量体重和体长。

(3)能计算密度、饵料系数、能控制饵料密度、判断龙虾生长发育状况、识别常见疾病等。

三、技能操作

1.种苗来源

种苗来源主要靠当地海区收购的天然小龙虾,个体重50～150 g。因地制宜使用多种渔具渔法,在立冬至翌年立夏期间捕抓,春分至谷雨时节为旺汛。

2.培养条件

每天可进、排水两次,池底为沙砾底并有天然石礁缝隙及人工投石的洞穴。在池外另设置网箱,作为暂养配套准备。

3.投苗规格

在投苗前可按不同规格分为精养和暂养两类型。如个体重 150g 以下的苗种可投池中精养;暂养主要以个体重 150g 以上的苗种投入网箱内进行投饵养殖,轮放轮捕,随行上市。

4.科学管理

(1)人造虾穴:一般在室内水池中饲养的中国龙虾,水池中宜设置人造穴——多为石块和石板搭成,石洞的两端必须连通。

(2)流水饲养:即上面进水、池底出水,采用阀门控制水的流量进行饲养。每隔 7~15 d 清池 1 次,将池水放干,龙虾静伏池底或缓慢爬行,清池时不必将龙虾移池外,可用橡皮管将龙虾体表积存的污物冲洗干净。

(3)投喂饵料:

① 投喂鲜活饵料、贝类或投喂冷冻小杂鱼兼对虾人工饵料。

② 原则是少量多餐,坚持"四定"原则,即定量、定质、定时、定点。投喂总量要充足,防止苗种因食物不足引发相互残食。但也要注意搭配部分新鲜饵料,以免发生脱壳障碍,降低存活率。

③ 每天投喂一次,以下午为佳,连投两天停一天,日投饵量为龙虾体重的 5 %~12 %。

(4)刺激脱壳:采用化学和物理方法刺激并以多种饵料配合轮换投喂,促进龙虾蜕壳。

模块六
虾蛄的增养殖技术操作技能

实训项目一:虾蛄的生物学观察、解剖和测定

一、相关知识

虾蛄身体窄长筒状,略平扁,头胸甲仅覆盖头部和胸部的前4节,后4胸节外露并能活动。腹部7节,分界亦明显,而较头胸部大而宽,头部前端有大形的具柄的复眼一对,触角两对。第一对内肢顶端分为3个鞭状肢,第二对的外肢为鳞片状。胸部有5对附肢,其末端为锐钩状,以捕挟食物。胸部6节,前5节的附属肢具鳃,第6对腹肢发达,与尾节组成尾扇。口位于腹面两个大颚之间。肛门开口于尾节腹面。虾蛄雌雄异体,雄者胸部末节生有交接器。虾蛄多穴居,常在浅海沙底或泥沙底掘穴,穴多为U形。口足类多捕食小型无脊椎动物。

二、技能要求

(1)掌握虾蛄的生物学特征。

(2)掌握外部形态特征。

(3)掌握内脏器官所在的位置。

(4)能区别虾蛄的雌、雄。

三、技能操作

1. 操作前准备

解剖盘、解剖剪、镊子、直尺、天平、纱布、虾蛄等。

2. 操作步骤

(1)体长、宽的测定:测量体长即眼柄基部到尾节末端的距离。

(2)外部形态观察:观察形态,观察头胸甲和腹部,识别雌、雄。

(3)内部构造的解剖:用剪刀沿着头胸甲边缘剪开,打开头胸甲,观察心脏、胃、性腺、肝脏、鳃等内脏器官。

实训项目二：口虾蛄亲体培育技术

一、相关知识

繁殖习性：口虾蛄生活在水深 5～60 m 的水层中，喜栖息于浅海泥底 U 型洞穴中或石砾、岩礁缝隙中。

雌雄异体，但雌雄口虾蛄在外形上较相似，区别在于雄性个体略大，且胸部最后一对步足雌雄异形。雄性第二颚足粗壮，胸部最后一对步足基竹内侧有一对棒状交接器，极个别的第 7 胸肢也有一根交接器。雌性则无。繁殖期雌性胸部第 6～8 胸节腹面出现白色"王"字形胶质腺。

一周年性成熟，交配时间多数学者认为在 9～11 月份雌口虾蛄蜕皮之前；也有人认为在产卵前不久进行交配；还有人认为在产卵前几个月就已交配的。

口虾蛄一般进行一次交配，但再次交配也时有发生。其繁殖期为 4～9 月，盛期在 5～7 月。繁殖季节，卵巢胸部第 4 节至尾节呈黄褐色，背面有黑色素分布，体轴中线上色素较集中。在第 5、6 节处卵巢厚度最大，尾节处扩大，充满尾节，呈扇形。

精巢呈乳白色。口虾蛄平均产卵量 3 万～5 万粒，多者 20 万粒。产卵量与其头胸甲长有关。据报道，口虾蛄第一次性成熟的生物学最小型在 80 mm 左右。口虾蛄的卵巢发育是不同步的，因而在其繁殖季节内可多次进行育苗。

二、技能要求

掌握口虾蛄亲体培育方法。

三、技能操作

1. 口虾蛄亲体的选择运输与暂养

(1) 口虾蛄亲体选择：人工养殖或自然海区已交配的雌口虾蛄。宜选择体长在 11 cm 以上、体重在 30 g 以上的个体。另外收购口虾蛄时，要注意口虾蛄离水时间要短，性腺发育程度较好，身体健壮，附肢齐全，无伤痕，活力强，体色鲜艳，对外来刺激反应敏感。

(2) 口虾蛄亲体运输：方式有活水船运输、尼龙袋充氧运输，口虾蛄亲体首先经 200×10^{-6} 的甲醛药浴 3 min 后，选附肢齐全、活泼的放入事先消毒处理过的水泥池（9 m×4 m×1.2 m），加入经过滤的清新海水，充气，使其恢复活力并暂养。

(3) 口虾蛄亲体暂养培育：收购后应尽快运至育苗厂，放入池中。口虾蛄亲体暂养池中的水温前 1～3 d 与海区相当，如果水温提升太快太高，容易使口虾蛄亲体早产或流产。以后以 0.5 ℃～1.0 ℃/d 速度升温至 21 ℃～22 ℃的条件下暂养 20~30 d,投喂少量新鲜的沙蚕、小虾、杂色蛤肉等,使性腺进一步育肥。当温度 22 ℃性腺系数多达 14 %以上时,产出的卵团中的卵粒清晰,基本上呈团形,即为成熟卵。

2. 口虾蛄亲体的培育

口虾蛄亲体培育是指将已经过交配,卵巢已发育成熟的雌性口虾蛄,或是卵巢虽发育但不成熟的雌性口虾蛄,放入专门的培育池中饲养,使其性腺成熟、产卵、抱卵孵化,直至假溞状幼体孵出的培育过程。口虾蛄亲体的培育池有 2 种,一种是室内池;另一种是室外池。室内池一般为水泥池,室外池为土池。口虾蛄亲体培育应特别注意水质管理、饵料管理和日常管理。

3. 水质管理

水体保持溶氧在 5 mg/L 以上,日换水 1/4~1/3,透明度在 30~50 cm。其生活区域的水温大致在 6 ℃~31 ℃,最适温度在 20 ℃~27 ℃,属于广温性种类。

培育时,水温控制在 20 ℃~30 ℃。在水温 25 ℃~30 ℃时,卵从受精至孵出幼体,需 7~15 d。

4. 饵料投喂

口虾蛄对鱼、虾、贝均能摄食,但以鲜活的小型贝类为佳,可避免污染水质。饵料以小块为好,要均匀散投,以便摄食,并提高饵料食用率及减少因抢食而相互残杀。

每日傍晚投饵 1 次即可,投饵量为口虾蛄亲体重量的 5 %~20 %,并随口虾蛄亲体的抱卵情况、水温高低、天气情况、饵料种类与质量状况等适当增减。培育前期,可适当增加投饵量,以供性腺发育充足的营养需求。口虾蛄亲体抱卵时钻穴并基本不摄食,故大多数口虾蛄亲体抱卵时,宜减少投饵量。另外,口虾蛄亲体孵幼后,转入生长,摄食量大增,还干扰其他抱卵虾蛄,因而最好用地笼网等诱捕出池。

5. 日常管理

培育期间,巡塘是必需的工作,检查进排水情况、口虾蛄活动和摄食情况、水质情况,尤其是幼体排放情况。一旦发现口虾蛄亲体排放出假溞状幼体,立即集幼体入育苗池进行育苗。

实训项目三:虾蛄的繁殖技术

一、相关知识

口虾蛄育苗技术尚处于试验阶段。口虾蛄产出的卵团为黄色,直径在 1.5~3.0 cm 之间。成熟的卵细胞呈球形,直径 410~450 μm,一次性排完,并用颚足抱在口上而且不停地转动,只要卵团不破碎或不受外界刺激会一直抱着,从几小时到几天不等。如果有外来刺激如强光、急流水、水温差大等都会将卵团迅速抛掉。口虾蛄的产卵繁殖对环境条件尤其是对底质、洞穴和光线要求严格,没有合适的条件便不产卵或即使产卵也不孵化。从假溞状幼体一期入池到仔虾蛄出池的这段培育过程为幼体培育。

口虾蛄挖掘洞穴的能力很强,只要底质和环境条件适宜,性成熟的口虾蛄能在很短时间内完成 U 形洞穴的营造,而且是一大一小两个口,大口直径 5 ~ 7 cm,小口直径 2 cm 左右。

二、技能要求

掌握卵的孵化方法和幼体培育方法。

三、技能操作

1. 虾蛄的产卵和孵化

在玻璃纤维圆缸(直径 2 m,高 1.0 m)底部放入采自潮间带的软泥(厚 20 ~ 30 cm),铺平,加上海水至离泥面 30 cm 处,用次氯酸钠浸泡 24 h 消毒,再中和、洗涤,并使缸内海水 pH 值与过滤海水一致,再用黑布遮盖备用。

挑选性腺发育成熟的个体大、活泼、附肢齐全的亲虾蛄(性腺系数在 15 %以上)16 尾,经甲醛消毒处理后再放入上述孵化缸中。当水温提升到 24 ℃ ~ 25 ℃时,亲虾蛄开始在洞内产卵抱卵。

口虾蛄受精卵在 26 ℃ ~ 28 ℃的水温条件下,经 20 d 左右流水孵化,培育至口虾蛄假水蚤幼体(即口虾蛄幼体)。这期间水流量应加以控制,以不使缸中冲混为宜,出水与进水应等量,用 100 目的筛绢换水。缸内的溶解氧含量应大于 5 mg/L。产卵、孵化至幼虫都是在洞穴与母体一起完成,当幼体离开洞穴及母体,在水中浮游时,即为变态的口虾蛄幼体。从口虾蛄幼体变态为幼口虾蛄需 3 ~ 4 个月的时间,这时幼体应从原培育缸中分离。

2. 幼体发育

幼体培育海水需经沉淀、沙滤处理,为防重金属离子含量太高,可加 EDTA 钠盐 2 ~ 5 mg/L。通过换水保证良好水质。

将刚孵化出浮游的幼体用虹吸法,从原孵化缸分离出并移到另一含泥底的缸中继续培育,水温控制在 26 ℃ ~ 28 ℃。每天分 4 次混投单胞藻(三角褐指藻、扁藻和小球藻等)、轮虫和卤虫无节幼体,其密度分别为 5×10^4 ~ 10×10^4 个细胞/毫升、10 个/毫升和 5 个/毫升,并每天换水 2 次,每次约 1/3 体积。用黑布遮盖缸面。

然后在一个 2 m×2 m×1.2 m 水泥池中,底部铺上 10 cm 厚的泥沙质软泥,经消毒处理后再将上述已在缸中培育了 22 天的幼虫移入。换池后需以

0.5 ℃~1.0 ℃/d 的速度逐渐将水温降至自然水温。

前期以投喂轮虫 5~10 个/毫升、卤虫无节幼体 5 个/毫升为主,辅投少量蛋羹,每天需换水 1/3 体积,适量充气。后期随着幼虫的发育,投喂大个体的卤虫、小虾、蛤肉碎块及鱼用人工配合饵料。

实训项目四:虾蛄的养殖技术

一、相关知识

1. 虾蛄的分布

虾蛄是沿海近岸性品种,喜栖于浅水泥沙或礁石裂缝内。

虾蛄分布范围极广,从俄罗斯的大彼得海湾到日本、中国、菲律宾、马来半岛、夏威夷群岛沿海均有分布。

2. 养成方式

目前,虾蛄的养殖方式按照养殖过程不同,可分为人工全程养殖、育肥暂养和贮存暂养。人工全程养殖就是放养 2 cm 左右的人工苗种或 3~7 cm 的自然苗种,培育到成虾蛄出售为止的养殖。

育肥暂养就是将较瘦的成虾蛄或个体相对较小的成虾蛄培育成较肥壮的虾蛄,或雌性经越冬再培育成卵巢发育程度较好的性成熟虾蛄出售的过程。

贮存暂养指的是收购成虾蛄,贮存到一定数量,以鲜活形式运输到外地市场或出口,赚取地区性差价的临时性贮养过程。

3. 养殖设施

按照养殖地形式的不同,可将虾蛄的养殖方式分为低坝高网养殖与土池养殖两种。

滩涂低坝高网养殖塘,一般选择在风浪较小的港湾,在较广阔而平坦的滩涂上建塘。其面积为 5~50 亩,视其苗种的数量而定。堤坝高 0.6 m,宽 1.0 m,塘底平坦略向港心倾斜;在坝中心线上用网孔约为 4 mm(以放养的仔虾蛄或Ⅲ相假溞状幼体逃不出为度)的聚乙烯网片相围,并用毛竹及绳固定;在围网内建坝面上(距围网 1 m 左右)再用细网目的网片覆盖,以防虾蛄钻洞逃出;收获成虾蛄之前,在养殖塘的最低处安装锥形网收获。

养殖土池面积要求为几亩至几十亩,塘堤高 2.0~2.5 m,水深 1.5~2.0 m,设有进出海水的闸门,能放干池水,并安装防逃网;池底土质以松软为好,且不能有黑的腐泥。大部分的对虾塘能用来养殖虾蛄,但必须清除池底黑淤泥。

4. 虾蛄特点

虾蛄是较典型的潮间带生物,虾蛄具昼伏、夜出活动捕食习性,饱食后就钻穴栖息。虾蛄的品种很多,但不是所有的品种都值得养殖,一般选择个体大、生长快、种苗易得、对盐度与温度适应性强、市场售价高的品种来养殖。目前,浙江一带已在养殖的品种为黑斑口虾蛄、尖刺口虾蛄和口虾蛄。另外,广东沿海的棘突缺角虾蛄和斑琴虾蛄体长都在 30 cm 以上,市场价格与龙虾不相上下,是很有前途的养殖品种。

虾蛄的食性是以动物性为主的杂食性,虾蛄的第三相假溞状幼体及仔虾蛄广泛摄食底栖的甲壳类、多毛类、小型鱼类、双壳贝类、头足类和蛇尾类等。

二、技能要求

(1)掌握虾蛄的放养技术。

(2)掌握虾蛄的水质管理方法。

(3)掌握虾蛄投饵技术。

(4)掌握虾蛄收获方法。

三、技能操作

1. 场地准备

虾蛄在放养前,养殖塘必须要清塘。在放养前必须清除如海鳗、鰕虎鱼等敌害生物及致病病源等。清塘一般按清塘药物的有效期提前进行,选择晴朗天气,在退潮时尽量放干池水,用高浓度的生石灰(300×10^{-6})泼洒;也可用 200×10^{-6} 的漂白粉消毒。

2. 放养技术

虾蛄的放养密度应视池塘条件、苗种质量与规格、饵料供应情况、养殖管理水平等而定。一般海捕自然苗种个体较大,体长在 3~6 cm,可放 5 000~7 000 尾/亩;若放养 2 cm 左右的人工苗,其放养密度可适当高些,为 8 000 尾/亩左右;若以虾蛄的第Ⅲ相假溞状幼体放养,放苗量为 1.5 万~3 万尾/亩。在虾蛄塘中也可混养其他水产品种。宜混养利用中上层水体的鱼虾类及用吊养或筏式养殖的贝类,增加效益。

放苗时要注意温、盐度差异及虾蛄苗的质量。消除温、盐度差异可用苗袋浮于池水中和加池水逐步过渡的方法。质量可根据虾蛄的形态、活力、体色及活动状态等来区别,质量好的虾蛄苗,其活力强、体色鲜艳不发白、甲壳坚硬、附肢齐全,入水后能迅速游散而不在局部打转或沉底翻白。

为了估算虾蛄苗的放养成活率,可在小网箱中暂养一定数量的苗来检查。

3. 投饵技术

若放养人工苗种,以培育基础饵料为佳;若放养个体较大的自然苗种,因它摄食力强,能适应人工投饵,所以也不一定培养基础饵料。

常用的饵料品种为小杂鱼、虾、贝等,但以鲜活的鸭嘴蛤为佳,可减少底质污染。投饵需均匀,并在每天傍晚投饵较适宜。若投喂大型的鱼、虾或厚壳的贝类时,需预先把食物切小或破壳。

投饵量以其摄食率为依据,并随其个体大小及其生理状况、水温高低、天气情况、饵料种类及新鲜程度、水质好坏等适当调整。体长在 7 cm 以前,投饵量为虾蛄体重的 21 % ~ 40 %;体长为 8 ~ 11 cm,投饵量为其总体重的 11 % ~ 20 %;体长在 12 cm 以上,投饵量为其体重的 10 %左右。

水温低于 15 ℃或高于 32 ℃,摄食量明显减少,生长也明显减速,若在春、夏季的繁殖季节,因生殖活动虾蛄摄食量也大大减少,都需降低投饵量。另外,虾蛄不喜欢摄食不新鲜的饵料,同时也极易污染水质与底质,应尽量少投。

应严格控制投饵量,并经常观察其摄食情况。设立饵料台和下塘摸底泥观察是常用的饵料检查方法。

4. 水质控制

(1)每天 1 ~ 2 次测量记录水温、盐度与溶氧。

(2)保持溶氧在 4 mg/L 以上,透明度控制在 30 ~ 50 cm。

(3)视塘中的水质状况,决定是否适当换水。夏天应增加池水水位,并尽可能多换外海清凉新鲜水,使水温保持在 33 ℃以内,防止水温太高而影响虾蛄摄食生长或死亡。水温高于 33 ℃,虾蛄有明显的死亡现象。在冬季也应加深水位,以防水温太低(<5 ℃)而冻死。

(4)要注意盐度的骤变。

(5)养殖期间,每隔 10 ~ 15 d,可用 2×10^{-6} 的生石灰来改善水质与底质。

5. 监测管理

虾蛄的生长速度较快,在正常条件下,其体长每旬可增长 0.9 ~ 1.0 cm。总体来说,虾蛄的体长增长养殖前期比后期要快。在繁殖季节,雌性个体体长不再增长,因它所吸取的能量用在性腺发育上,等过了生殖期后,它仍能继续生长。据试验,同等条件下,黑斑口虾蛄的生长比口虾蛄要快。

生长测量一般每 10 d 进行 1 次,样本用地笼网放饵料诱捕,为了保证测量的准确性,每次测量样本要求在 50 尾以上。对于虾蛄存塘数的估算,因其穴居生活,很难用简便的方法来统计,但可根据其旬生长量、投饵量,再结合当时的水温等水质条件来推算。

在虾蛄的养殖中,需做好如下日常管理工作:

(1)经常检查拦网是否破损,并清除挂在网上的杂物或脏物。

(2)检查堤坝有无漏洞或决口,若有发现及时修补。

(3)经常检查虾蛄的摄食情况,取样解剖,观察其胃内含物情况。

(4)退潮或放水时检查残饵情况、敌害情况和底质情况。

(5)每 10 d 取样测量其生长情况。每旬若体长生长达到 0.9~1.0 cm 以上,说明是正常的,若达不到这要求,应查明原因。

(6)平常观察其钻穴习性、脱壳习性及其他生活习性。若发现虾蛄白天不肯钻穴,说明可能底质严重被污染或缺氧。

(7)注意天气变化情况、港湾水质情况等,若发现天气异常,应及时做好防范措施;若发现赤潮等水质不洁现象,不宜进水,并加强增氧。

6.收获

虾蛄达到商品规格后,根据市场需求,即可起捕销售。据调查,市场价格的高低主要取决于虾蛄的个体大小、肥满度及雌性性腺的发育(生膏)程度。一般个体在 11 cm 以上、肥满度好的虾蛄,市场销售较畅;在繁殖季节,只要雌性性腺发育好(雌性约 8 cm 就能性成熟),个体即使稍小些也受欢迎。由于虾蛄具钻穴性,故其捕捞方法具有特殊性,根据其生活习性,养殖虾蛄采用的捕捞方法主要有以下几种:

(1)套张网捕捞:在水温为 15 ℃以上的季节,捕捞当晚不能投喂饵料,夜里退潮时捕捞一般可捕出总量的 90 % 以上。具体方法为:先把套张网安放在水闸的凹槽中,待晚上退潮时开起闸门,放出池水,虾蛄就会顺流而入网内。池水放干后,涨潮时重新进水,次日晚上再捕。如此反复进行。

(2)地龙网捕捞:在虾蛄养殖的中后期,进行间捕或因市场行情捕大留小时宜用此法。若当晚养殖塘不投饵,而在地龙网内放诱饵捕捞效果更佳。地龙网是一种陷阱式的定置网,T 形。它有许多入口和一个囊网,在每个入口处都有倒须网片,虾蛄进入网口不易出来,从而入囊网被捕。作业时,将网放置在池塘中,晚上虾蛄因摄食而出洞活动时钻进网内。次日早晨,只要从囊网中倒出即可。视需求量和面积大小放置一定数量的地龙网进行捕捞。

(3)干池捕捉:捕捞后余留的虾蛄或因水温低已入穴越冬的虾蛄捕捞,用干池捕捉。具体方法是先把池水放干或排干,即可见池底的虾蛄洞穴。U 形的虾蛄洞穴有两个近圆形的出口,一大一小。用脚从大洞口窜入,用力蹬几下,虾蛄即从小洞口爬出。由于养殖时密度高,其洞穴常相通;或在越冬时,洞穴变成了Y 形,用脚蹬方法就难见效,只好借助其他工具挖取。这样逐洞捕捉,基本可捕净池养的虾蛄。

混养其他游泳性鱼虾类,需同时捕捉,可用套张网捕捞;若不同时收获,不宜放干池水,应多次收捕,或选择几种捕捞方法混用。

模块七
河蟹养成技术操作技能

实训项目一:河蟹的生物学观察、解剖和测定

一、相关知识

1. 河蟹外部形态

体近圆形,身体分两部分:头胸部和腹部,头胸部的背面为头胸甲所包盖。头胸甲墨绿色,呈方圆形,头胸甲额缘具 4 尖齿突,前侧缘亦具 4 齿突,额部两侧有一对带柄的复眼。头胸甲的腹面灰白色,大部分被腹甲,腹甲分节,腹部平扁,腹部紧贴在头胸部的下面,称为"蟹脐",周围有绒毛,共分 7 节。雌蟹的腹部为圆形,俗称"团脐",雄蟹腹部呈三角形,俗称"尖脐"。但幼蟹期雌、雄个体腹部均为三角形,不易分辨,4 对步足是主要爬行器官,长节末前角各有 1 尖齿,第一对步足呈棱柱形,末端似钳,为螯足,强大并密生绒毛;第 4、5 对步足呈扁圆形,末端尖锐如针刺。腹肢雌性 4 对,位于第 2 至第 5 腹节,双肢型,密生刚毛,内肢主要用以附卵。雄蟹仅有第 1 和第 2 腹肢,特化为交接器。

2. 河蟹内部构造

(1)循环系统:内脏中央有一近五边形的心脏,外包一层围心腔壁,由心脏发出的血液经动脉,进入细胞间隙,然后汇集到胸血窦,血液经入鳃血管,在鳃内进行气体互换,由鳃静脉流入围心腔,经心脏上的心孔流回到心脏。

(2)呼吸系统:具 6 对鳃,位于头胸部左右两侧的鳃腔中。

(3)消化系统:消化管自口经过一短的食道与胃囊相通,后接直肠通末端的肛门。胃的两侧有左右两叶橘黄色的消化腺肝胰脏。

(4)生殖系统:雌蟹卵巢一对为橙黄色,当成熟时几乎占据整个头胸甲,左右卵巢各接一输卵管,其末端与纳精囊相通,开口于腹甲第 5 节的雌孔上,纳精囊交配前为一空管,交配后充满精液。雄蟹精巢乳白色,雄蟹在头胸甲前侧肝

胰脏表面有一对乳白色弯曲的带状睾丸,与输精管相连,末端为射精管,开口在第7节腹甲的雄性生殖孔。副性腺为许多分枝的黄色盲管,为性腺的发育提供营养。

(5)排泄器官:蟹的排泄器官在胃的背面,开口在第2触角基部,为触角腺或绿腺,为左右两个椭圆形的囊状物。

(6)神经系统:由脑和围咽神经及头胸部腹面的神经相连成中枢神经,脑神经向前和两侧发出4对神经,腹部有一大神经节,分出许多分枝,散发到腹部各处。

二、技能要求

(1)掌握河蟹的生物学特征。

(2)掌握外部形态特征。

(3)掌握各器官所在的位置。

(4)能区别雌、雄。

三、技能操作

1. 操作前准备

解剖盘、解剖剪、镊子、直尺、天平、纱布、中华绒螯蟹等。

2. 操作步骤

(1)头胸甲长、宽的测定:头胸甲前缘两额齿中点到后缘中点之距离为头胸甲长,第4侧齿之间的距离为头胸甲宽度。

(2)外部形态观察:观察形态与侧齿数,观察头胸甲和腹部,识别雌雄。

(3)内部构造:用剪刀沿着头胸甲边缘剪开,打开头胸甲,观察心脏、胃、性腺颜色、肝脏、腮等内脏器官。

实训项目二:河蟹的亲体培育技术

一、相关知识

1. 河蟹的生长特征

河蟹是一种咸水里生,淡水中长的洄游性水生动物。亲蟹在咸淡水处交配产卵,卵经孵化发育成大眼幼体(俗称"蟹苗"),经河口进入淡水,在江河湖泊、草荡等水域里觅食、生长发育,当进到性成熟时,便会千里迢迢由各类淡水水域爬向河口,进入大海,进行繁殖,由大眼幼体蜕变的幼蟹,在淡水中生长16个月左右,经过多次蜕壳,个体增长显著,但尚未到性成熟阶段,这种蟹为"黄蟹",而把"黄蟹"蜕壳后性开始成熟的河蟹称为"绿蟹"。

2. 河蟹的交配

自寒露至立冬,河蟹开始生殖洄游,这一阶段性腺发育迅速。立冬以后,性腺完全发育成熟,此时的河蟹已经交配,每年 12 月到翌年 3 月是河蟹交配产卵的盛期。在水温 5℃ 以上,凡达性成熟的雌、雄蟹一同放入海水池中,即可看到发情交配。河蟹还有多次重复交配的习性,甚至怀卵蟹也不例外。水中盐度只要有 1.7‰左右时,性成熟的亲蟹就能频繁交配。

3. 河蟹的产卵

交配后不久,雌蟹即可产卵。但是,如果外界环境条件得不到满足,卵巢就会逐渐退化。一般在水温 9℃ ~ 12℃,交配后约经 7 ~ 16 h 产出卵。卵黏附在腹肢内肢的刚毛上。卵群就像许多长串的葡萄。腹部携有卵群的雌蟹,称为"怀卵蟹"或"抱籽蟹"。河蟹在淡水中虽能交配,但不能产卵,故海水盐度是雌蟹产卵受精的一个必要外界环境条件。海水盐度为 8 ~ 33,雌蟹均能顺利产卵,盐度低于 6,则怀卵率降低。体重 100 ~ 200 g 的雌蟹,怀卵量 5 万 ~ 90 余万粒,也有越过百万粒的。河蟹第二次怀卵,卵量普遍少于第一次,只数万至十几万粒,第三次怀卵时,只数千到数万粒。

4. 亲蟹的来源

用于育苗的亲蟹包括未交配产卵的亲蟹和已交配产卵的抱卵蟹。其来源有如下三方面:

(1)从湖泊等淡水水体中捕到性成熟的绿蟹进行饲养,适时放入海水中促其交配产卵。

(2)通过池塘等水体养殖,专门选择适宜育苗用的雌、雄亲蟹,适时放入海水中促其交配产卵。

(3)从沿海或河口捕捉的抱卵蟹,不需要再经过人工促产,经过暂养之后,直接可以用来孵化幼体。

二、技能要求

(1)掌握亲蟹培育方法。

(2)掌握亲蟹的选择方法。

(3)掌握亲蟹的运输方法。

(4)掌握亲蟹促产的方法。

(5)掌握抱卵蟹培育方法。

三、技能操作

(一)亲蟹的越冬培育操作

1. 亲蟹的选择

挑选时间北方地区为秋分至霜降间,南方地区为霜降以后至立冬前,必须为二秋龄蟹,选择肢全、壳青腹白、壳硬无外伤、活泼、体质强壮、体表无寄生虫的青壳蟹。雌蟹体重要求每只在 100 g,雄蟹体重要求 115 g。雌、雄性比为 2 ~ 3:1。

对同一池养殖的亲蟹,在选择中,以首批起水的个体大、肢体完整的河蟹作为育苗用的亲蟹。多次起捕的蟹不适合选作亲蟹,这种蟹容易受伤,体质差,而且规格越来越小。

在选择亲蟹时,还要注意养殖池周围的水质环境和污染情况,水质的好坏对亲蟹的体质有影响。

选留的亲蟹尽量缩短暂养时间,而且操作过程中要求轻快,勿使肢体及蟹体受伤。

2. 亲蟹的运输

运输工具用蟹笼较好,蟹笼用毛竹做成,呈鼓形,高约 40 cm,笼腰直径 60 cm,底直径 40 cm。笼的孔眼大小以使蟹不能外逃为度。运输前,先在笼内衬以潮湿的蒲包,再把蟹轻轻放入蒲包内,扎紧蒲包,使蟹不能爬动,以减少蟹脚脱落及体力的消耗。在运输途中,防止日晒、风吹、雨淋,使亲蟹处于潮湿的环境之中,运输在夜间进行为好,要快装、快运。经 1 d 左右的长途运输,成活率可达 95 % 以上。

3. 土池饲养越冬亲蟹

(1)在交配之前暂养在纯淡水水池中。

(2)利用事先准备好的土池散养。面积 1 000 m²,池深 1.5 m 左右,有进排水设备,池周围应建防逃墙。

(3)亲蟹入池密度 5 只/平方米。池塘面积 1 亩左右,水深 1 m,一般可放养亲蟹 250 ~ 350 kg。

(4)生石灰 100 g/m² 或漂白粉 8 g/m² 清塘消毒。2 d 后,用淡水冲洗池底一遍,抽干淡水后再注入海水。

(5)散养时,最好雌、雄分开。

(6)饲养管理主要是投饵、换水、防逃。

(7)越冬期间的亲蟹饲料有水草、煮熟大麦、蛏子及低值贝类、小杂鱼、蚌肉等。要交替搭配投喂。投饵时间宜在傍晚,便于亲蟹夜间出来觅食。应在池四周均匀投放饵料,日投饵量为亲蟹体重 1 % ~ 5 %,视吃食状况,决定每日增减。水温 10 ℃ 以上时,每天投小杂鱼等饲料量为亲蟹总重量的 0.5 % ~ 1 %,5 ℃ ~ 10 ℃ 适当减少,5 ℃ 以下停止投饵。

(8)要保持水质清新,透明度 35 cm 左右。冬天(水温 5 ℃ ~ 10 ℃ 时)每隔 5 ~ 7 d 进、排一次水,每次换水量 15 % ~ 25 %,进水温度要求与池内水温相同。

（9）为防止亲蟹外逃，每日检查池塘是否漏洞，发现问题及时解决。

4. 室内水泥池饲养越冬亲蟹

（1）放蟹前水泥池先用 100×10^{-6} 漂白粉冲洗消毒或用高锰酸钾 200×10^{-6} 冲洗消毒。消毒后，再用淡水冲洗干净。

（2）在整个池底放些瓦砾或破缸块（4 块/平方米），上水口的底部区域铺一层 5～7 cm 黄沙（占池底面积 1/3～1/2），建成人工蟹洞，作为亲蟹的栖息场所。池深在 1 m 以上，水深保持 70 cm 左右。

（3）放养密度 15～18 只/平方米。

（4）充气时以水面产生微波为宜，溶氧不低于 4 mg/L。

（5）池内水温保持相对稳定，11 月上旬～12 月下旬水温逐渐降至 4 ℃～6 ℃，1 月～2 月中旬，保持 6 ℃左右，2 月下旬逐渐升至 9 ℃，3 月上旬达 11 ℃～12 ℃，3 月中旬达 13 ℃～14 ℃，3 月下旬达 15 ℃～16 ℃。

（6）每 2～3 d 吸污泥 1 次，每 3 d 换水 10～30 cm。

（7）每晚投饵，主要投喂蛏子及小杂鱼，在池四周均匀投喂，根据前 1 d 吃食情况，再增减当日投饵量。

也可以在 3 月下旬，将越过冬的雌蟹和收购的抱卵蟹在 0.5 % 福尔马林溶液中药浴 10 min 后移进室内水泥池集中暂养。暂养密度为 10～20 只/平方米。水深 30 cm，每天换水 2～3 次。饲料以新鲜贝肉为主，残饵要及时清除。每天检查抱卵亲蟹的卵胚胎发育情况。当胚胎复眼形成，色素加深，卵绝大部分透明，卵黄缩小成蝴蝶状小块，胚胎心脏跳动频率达 100～120 次/分钟，预示幼体将在 2～3 d 内孵出。

5. 水泥池和土池饲养越冬亲蟹区别

土池接近自然的生态环境，亲蟹可自然地打洞隐藏，但必须建造防逃设施，经常注意检查。在管理上简易可行，成活率比较高。

水泥池可在人为控制的条件下进行饲养，由于仿造自然生态环境，栖息隐藏在人造的洞穴内，面积较小，密度高，容易使河蟹互相格斗，造成肢体损伤。但水质、水温可自由调节，管理上比较规范。成活率相对低于土池越冬。

土池和水泥池均可饲养越冬亲蟹，可以因地制宜地选择，有条件的还是以土池为好。

（二）河蟹的促熟操作

1. 人工促产的最佳时间

根据我国的气候变化情况，北方一般是秋季人工促产，南方一般是春季人工促产。每年 11 月至翌年 3 月上旬是河蟹产卵交配的时期。南方与北方因为气候有差异,选择产卵交配时间有所不同。在长江口区及其他南方区域人工促产的最佳时间以2月底至3月上旬为宜。人工促产的水温为10 ℃~13 ℃,时间太早,水温偏低;时间太晚,性腺将出现退化,都不利于生产要求。北方地区,因气温、水温偏低,人工促产的时间,一般提前在当年10月至11月初。促产之后,剔除雄蟹,把全部抱卵蟹放在土池越冬,到翌年3月份气温开始回升时,着手进行胚体及孵幼工作。

2. 人工海水的配制

盐度为12~18,钙含量为206~296 mg/L,镁含量为546~648 mg/L,氯化钾含量为200~400 mg/L,铁0.02~0.05 mg/L,pH值7.8~8.5,透明度1 m左右。也可使用人工海水的配方:每升淡水加食盐10~14 g、氯化钙0.5 g、硫酸镁5 g、氯化钾0.3~0.4 g、三氯化铁0.02 mg、生石灰75 mg。

人工配置的海水,只要化学元素及其含量接近天然海水,均能取得人工促产的成功。

要准确量出所配海水的体积,根据水的体积称取所需药品,然后碾碎使之溶解,曝气、沉淀、过滤、使用前测量所配海水相对密度后才能使用。

3. 人工促产技术

无论南方或北方,在促产季节,将亲蟹雌、雄之比按2:1~3:1配备好,然后放进土池或水泥池里,注入海水,盐度逐日增加,让亲蟹转入海水促产过程中,对盐度有一个适应的过程。最好盐度掌握在20~25,或者人工配置的海水也可。雌、雄亲蟹受到海水盐度刺激之后,马上就拥抱交配,交配后第二天开始,陆续见到雌蟹抱卵。如雄蟹放得多,促产时间就较短,一般5~7 d就可以结束,这时80%以上的雌蟹抱卵。如雄蟹较少,促产时间要延长半个月至一个月左右。促产之后,将雄蟹全部捞出,只留下雌性抱卵蟹,人工促产亲蟹阶段完成。人工促产的目的主要是取得胚胎同步发育的人工抱卵蟹。

4. 利用土池和室内水泥池人工促产的区别

土池的生态条件更接近于自然界,亲蟹能自由自在地交配,一般5~7 d就可完成交配,雌蟹80%以上抱卵之后,土池促产抱卵量明显高于水泥池促产的抱卵量。而且促产管理简单,促产率与成活率都较高。

室内水泥池促产可以观察雌、雄亲蟹促产的全过程。可在人为条件下进行饲养管理。因为水泥池面积较小而密度高,雄蟹经常要格斗雌蟹,造成肢体损伤。因此每隔2~3 d,需将池中海水放掉,操作比较麻烦,促产率与抱卵量低于土池。

人工促产时,可因地制宜地选择场地,如没有土池的,可用水泥池代替,二者均能达到促产抱卵的效果。

5. 防止抱卵蟹流(早)产的措施

当人工促产后的抱卵蟹进入胚胎发育阶段时,如遇到母蟹体质差、水质恶化、天气冷热温差大、暂养孵化水温调节过高等因素,都将造成胚胎尚未进入原溞状幼体前,卵过早地脱离母体,产生排卵,这种现象称为"早产"或"流产"。凡流产的卵属死卵,不能发育成为幼体。在人工育苗孵化过程中,要防止这种现象产生。

(1)选择亲蟹必须健壮、活泼。

(2)控制好水温。胚胎发育在原肠期前,室内水池水温可比自然水温高出 2 ℃~3 ℃;胚胎进入新月形期,水温控制在 16 ℃;复眼形成到心跳初期,水温控制在 18 ℃;进入原溞状幼体,水温升到 20 ℃。水温随胚胎发育而逐步升温,且升温幅度不可过大。

(3)适量投喂鲜活饵料供母蟹摄食,水体要保持清洁,一般 2~3 d 换(加)水 1 次,每隔 7 天,视水质状况,如水质不好,可换池 1 次,始终提供良好的生态环境。

(4)遇到气温突然升高的不正常天气,水温始终要维持相对稳定的状态。

(5)水体盐度正常,水池充气呈微波状,保持周围环境安静。

(6)抱卵蟹暂养期间,操作必须轻快,防止蟹体损伤和蟹脚脱落。

6. 抱卵蟹的饲育管理操作

抱卵蟹需要专门培育饲养。饲养水泥池底部最好铺一层 5~7 cm 厚的黄沙,并放些瓦片或碎缸块,提供洞穴和栖息场所。饲养池水质要清新,每隔 1~2 d 换水 1 次,投饵放在夜间,投饵量以每只蟹吃 0.5~1 只蛏子为度,并交替更换饵料(小杂鱼、沙蚕等),根据第一天吃食情况,决定第二天的投饵量。及时捞掉残饵,防止败坏水质。池子里还要用微形泵增氧,并注意盐度的变化,保持恒定的盐度等。

抱卵蟹专塘培育期间,也是胚胎发育时期,随着胚胎发育的进程,水温也随之上升,确保胚胎正常发育。因此,要经常镜检卵的发育状况,并保持一定的水温。

7. 人工抱卵蟹与天然抱卵蟹的区别

人工抱卵蟹促产时间同步,胚胎发育也同步进行。因此,孵化出膜时间比较一致,在生产上可以集中时间,形成较大的规模生产。由于选亲蟹时体质强壮,规格大,出来的蟹苗纯度和质量较可靠,成为育苗的主要对象。

天然抱卵蟹是在自然海域或沿海闸口附近,由雌、雄亲蟹野外自然促产之后而获得的抱怀卵。天然抱卵蟹因促产时间不同步,胚胎发育也不同步,所以孵化出膜的时间也不一致。如果抱卵蟹数量不多的话,就难以形成规模生产。

抱卵蟹的个体大小有差异,但它的体质好,成活率也高。

8. 运输抱卵蟹

运输抱卵蟹更要精心操作,不损伤卵粒。运输途中,不宜采用带水运输的办法,可选用蟹笼及蟹苗箱运输。

蟹笼装用前,笼底铺一层湿的水草,将抱卵蟹分层平放,最上层再盖一条湿毛巾。用绳子或铅丝将蟹笼扎紧,使抱卵蟹不能随意爬动。途中每隔 4 h 洒 1 次海水,防风吹、日晒、雨淋。

另一种方法是用蟹苗箱装运,箱底衬以海水浸湿的毛巾,然后将抱卵蟹平放在上面,再用湿毛巾盖上,使蟹不能随意爬动,途中定时洒海水,保持湿润。

实训项目三:河蟹的繁殖技术

一、相关知识

1. 受精卵的发育

在自然界中,河蟹受精卵黏附在雌蟹腹肢上发育,直到孵出为止,河蟹在越冬期低温下,胚胎可长时间滞留于囊胚或原肠胚阶段,为时可长达 4 个月。影响胚胎发育快慢的主要因素是水温。水温在 10 ℃ ~ 18 ℃,受精卵胚胎发育可在 1 ~ 2 个月完成,温度为 23 ℃ ~ 25 ℃,只要半个月时间幼体就能孵化出膜,28 ℃ 以上高温可导致胚胎畸形或死亡。此外,受精卵必须在海水中才能维持正常发育,如中途进入淡水环境,则胚胎发育终止,并逐渐溶解死亡。

刚产出的受精卵,多为酱紫色或豆沙色,少数为橙黄色,卵径为 0.1 ~ 0.3 mm。受精卵经细胞分裂、囊胚期、原肠期。在原肠期后,卵黄加速消耗,色转淡而出现新月形透明区,随着胚胎进一步发育,透明区先后出现附肢幼芽和复眼。复眼为桔红色,左右对称,起初为浅条状,后逐渐加粗,末端膨大,最后变成一对黑色椭圆形复眼。继复眼出现之后,卵黄块的背方出现心脏原基,不久心脏开始跳动,附肢、腹节、头胸甲等相继形成,肌肉开始收缩。此时,卵的外观呈灰白色透明,卵黄极少,呈蝴蝶状一块。这时胚胎已进入原溞状幼体期。而后胚体心跳频率加速,每分钟达 150 ~ 180 次。胚体借助于尾部的摆动,挣扎破膜而出。出膜后的原溞状幼体,暂时停留在雌蟹腹部。随着亲蟹腹脐有节奏的搧动形成水流,原溞状幼体一批一批地释放到水中,开始过着独立游泳生活。

2. 河蟹幼体发育

蜕皮是发育变态的一个标志,整个幼体期分为溞状幼体、大眼幼体和幼蟹期3个阶段。溞状幼体为5期,即经5次蜕皮变为大眼幼体,大眼幼体经一次蜕皮变成幼蟹,幼蟹再经多次蜕壳变态,才逐渐长成成蟹。溞状幼体只能营海水生活,依靠颚足的划动和腹部不断地伸屈来游泳和摄食,具有趋光性和溯水性。溞状幼体阶段海水盐度最好为16~30。

(1)河蟹原溞状幼体:当河蟹胚体发育到最后阶段时,它的基本原形像出膜后的溞状幼体,不过它还在卵膜内,没有离开母体,一旦离开母体,就形成第Ⅰ期溞状幼体,过着独立游泳的生活。这就是它们之间的主要区别。

原溞状幼体阶段水温必须维持在18 ℃以上,最好能控温在20 ℃,有利于孵化出膜。

(2)溞状幼体:溞状幼体刚从卵孵化出来的幼体,外形似水溞,溞状幼体分5期,通常三五天就可蜕皮变态一次,而每次完成蜕皮大约只有几秒钟的时间。溞状幼体各期的主要区别是第一、第二颚足外肢末端的羽状刚毛数和尾叉内侧缘的刚毛对数以及胸足与腹肢的雏芽出现与否。

① 第Ⅰ期溞状幼体(图7-1):幼体一出膜即为第Ⅰ期溞状幼体,全长1.5 mm左右,皮质透明,体表有黑色斑点,复眼一对无柄,不能活动,头胸部附肢共7对。即2对触角、1对大颚、2对小颚、2对颚足。颚足为双肢型,第一、第二颚足外肢均为2节,末端具4根长羽状刚毛,腹部6节,尾节分叉,内侧缘具3对刚毛。

② 第Ⅱ期溞状幼体(图7-2):第Ⅰ期溞状幼体经5~7 d,蜕皮变为Ⅱ期溞状幼体,全长1.8 mm左右,形态上的显著变化是第一、第二颚足外肢末端的羽状刚毛变为6根。腹部第六节与尾叉开始出现分开的痕迹,但仍为6节,第Ⅱ期溞状幼体与第Ⅰ期溞状幼体十分相似。第Ⅰ至第Ⅱ期的溞状幼体多浮于水体表层和边角,成群游动。

③ 第Ⅲ期溞状幼体(图7-3):第Ⅱ期溞状幼体经过4~5 d,蜕皮变为第Ⅲ期溞状幼体。溞体全长2.4 mm左右,复眼开始突出,水泡样;第一、二颚足外肢末端的刚毛增加为8根;第三颚足和胸足的原基出现,成为很小的球状突起,腹部共有7节,第6节与尾节已分开。尾叉内侧缘刚毛又向内增加1对,共有4对。第Ⅲ期后的溞状幼体多下沉水体底部活动,往往是倒悬的姿态,即仰面朝天,腹部卷曲在头胸部的上面,用背刺贴着底层,划动颚足倒退式地前进。

④ 第Ⅳ期溞状幼体(图7-4):第Ⅲ期溞状幼体经过3~4 d,蜕皮变成第Ⅳ期溞状幼体。全长2.9 mm左右,复眼增大,具有柄。第一、二颚足外肢末端刚毛变为10根,第三颚足和胸足叶条状的雏芽已露出头胸甲外,腹部分7节,尾

叉刚毛仍为 4 对,5 对腹肢原基成为芽状突起。

⑤ 第 V 期溞状幼体(图 7 - 5):河蟹第 V 期溞状幼体经过 3 ~ 4 d,蜕皮变为第 V 期溞状幼体。个体显著增大,全长 4.1 mm 左右,复眼眼柄伸长,能自由转动。第一、第二颚足外肢末端刚毛增加为 12 根。1 对螯足和 4 对步足长成雏型,腹部 7 节,腹肢棍棒形,尾叉刚毛向内又增生 1 对变为 5 对。

(3)大眼幼体(蟹苗,图 7 - 6):第 V 期溞状幼体经过 5 ~ 6 d,蜕皮变为大眼幼体。大眼幼体因 1 对复眼着生于长长的眼柄末端,露出在眼窝处而得名。幼体全长 4.2 mm 左右,体形扁平,额缘内凹,额刺、背刺和二侧刺已消失。腹部狭长,共 7 节,尾叉消失,尾肢各具 13 ~ 14 根羽状刚毛。

大眼幼体有强的趋光性和溯水性,对淡水水流特别敏感,已能适应淡水生活。幼体能爬善泳。游泳时行动十分敏捷。爬行时,腹部卷曲在头胸部下面,用 5 对步足攀爬和行走,幼体凶猛,杂食性,用大螯捕捉食物。

大眼幼体其个体规格每千克有 16 万 ~ 20 万只。天然水域中捞起来的大眼幼体每 500 g 约 7 万只,幼体大小整齐,健壮的幼体抓起一把撒于桌上,幼体能迅速散开。

大眼幼体用鳃呼吸,离水后保持湿润,可存活 2 ~ 3 d,这一特征为蟹苗干法运输提供了方便,只要在控温、保湿的情况下,在 24 h 内运输,成活率均可达 90 % 左右。

(4)幼蟹(图 7 - 7):大眼幼体经过 6 ~ 10 d 生长,蜕皮变为第一期幼蟹。幼蟹椭圆形,背甲长 2.9 mm,宽 2.6 mm,额缘逐渐演变出 4 个额齿而长成大蟹外形,腹部贴在头胸部下面称为蟹脐。5 对步足已具备成蟹的形状。幼蟹用步足爬行和游泳,开始打洞穴居。

第一期幼蟹经 5 d 左右生长,蜕壳变为第二期幼蟹。此后,每隔 5 d 左右脱壳 1 次,个体不断增长,大约 5 ~ 6 期以后,完全具有成蟹的外形。

幼蟹为杂食性,以水生植物及其碎屑为食,也喜觅食水生动物体、蠕虫类等。幼蟹的生长速度与水温、饵料等有关。水质清爽、阳光透底、水草茂盛的浅水湖泊,为河蟹生长的良好环境。

3.育苗条件要求

(1)盐度控制:河蟹育苗的盐度以 26 左右为宜,待全部变态为溞状幼体 V 期时,盐度下降到 22,以利于提高大眼幼体的变态率,待大眼幼体变齐后,出苗前,盐度逐渐调至 5 以下。

(2)温度控制:河蟹育苗的孵幼温度为:18 ℃ ~ 20 ℃,溞状幼体 I 期为 22 ℃,溞状幼 II 期为 23 ℃,溞状幼体 III 期至 IV 期为 24 ℃,溞状幼体 V 期 25 ℃,大眼幼体为 26 ℃。

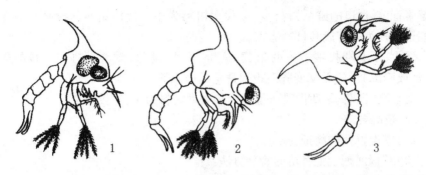

图 7-1　第Ⅰ期溞状幼体　　图 7-2　第Ⅱ期溞状幼体　　图 7-3　第Ⅲ期溞状幼体

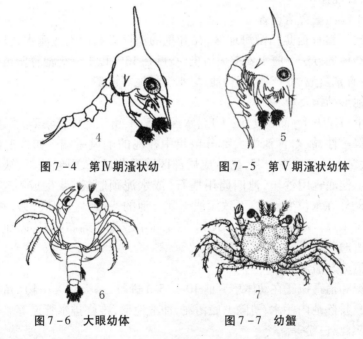

图 7-4　第Ⅳ期溞状幼　　　图 7-5　第Ⅴ期溞状幼体

图 7-6　大眼幼体　　　　　图 7-7　幼蟹

　　(3)河蟹育苗的布池密度:河蟹溞状幼体一般不宜超过30万只/立方米。

　　(4)河蟹育苗的水质管理:根据幼体密度及投喂量的情况,合理掌握各期的换水量,溞Ⅰ期加水为主,溞Ⅱ期每天换水 1/5 左右,溞Ⅲ期每天换水 1/2 左右,溞Ⅳ期每天换水 2/3 左右,溞Ⅴ期和大眼幼体每天换水 100 %。在育苗生产中换水、换池操作要轻、快、细心,不伤幼体,以提高各期幼体的成活率。

　　育苗池定时施用光合细菌或其他生物制剂,使有益菌形成优势种群,降解氨氮,净化水质,抑制有害菌的生长。

　　(5)育苗期间的饵料及投喂:原则是鲜活、适口、量足但不要过量。河蟹早期健康育苗,适口的鲜活饵料少,以代用饵料为主。代用饵料的投喂注意不同时期饵料种类的转换和量的适宜。

溞Ⅰ、溞Ⅱ期投喂适量的蛋黄、藻粉、虾片、酵母、微型饵料和少量的轮虫(鲜活或冷冻)。溞Ⅱ期变齐后投喂适量的卤虫无节幼体。

溞Ⅲ期、Ⅳ期、Ⅴ期投喂适量蛋糕和微型饵料为主,加投轮虫。

二、技能要求

(1)掌握蟹苗的特征。

(2)掌握河蟹土池育苗的管理方法。

(3)掌握蟹苗的捕捞和运输方法。

三、技能操作

1. 土池河蟹育苗设备

土池河蟹育苗是指沿海地区,在开挖的池塘里利用天然海水,进行人工培育河蟹幼体的方法。海水要求无污染,盐度在13‰以上。土池育蟹苗除培育池外,还应有亲蟹池、促产池、饵料池、海水沉淀池等设备。

2. 池形结构要求

池形应呈方形,面积0.5~1亩,水深1.5 m,由于幼体喜集群,喜顶风逆流,喜边角等习性,故培育池中大部分苗集中在池的上风一端。如果池的面积过大,绝大多数苗集中在一起,易造成局部区域蟹苗过密,引起缺饵、缺氧等而大量死亡。池底宜用沙土,池四周用块石(或水泥预制板)浆砌成石壁(或水泥壁),使幼体在水位变动时,不致搁浅干死。池的一端设进水阀,另一端设喇叭形底孔出水口。喇叭出水孔用GG54尼龙筛绢或聚乙烯布拦好,以免池水抽放时幼体逃逸。

3. 清塘与消毒

清塘和消毒一般在幼体培育前10~15 d进行,杀灭敌害生物(鱼、虾、水生昆虫等),排除池内污水,清除塘底污泥,冲洗池壁,维修排水管道等。清池药物有生石灰、漂白粉等。

(1)生石灰:使用时将池水排低到10~20 cm,均匀地投入生石灰,全池泼洒,每亩用量以75~100 kg为宜,清池后7~10 d方能使用。

(2)漂白粉:由于漂白粉在空气中极易挥发和分解,所以将漂白粉取出后,应立即倒入木桶中,加水混合成浆糊状,然后加水稀释泼洒。如池中无水,用量为每亩6~10 kg。带水清塘,施入100 g/m^3。漂白粉清塘在幼体孵化前4~6 d进行。

(3)福尔马林:对杀灭池中病毒和原生动物有良好的效果。在干塘情况下,每亩施工业用福尔马林6~10 kg。全池泼洒对聚缩虫有杀灭作用,施药在幼体培育前 10 d 进行。

(4)敌百虫:它是广谱性有机磷杀虫剂。其中的敌敌畏对昆虫有强力的胃毒和杀灭作用。以 $2 \times 10^{-6} \sim 2.5 \times 10^{-6}$ 的浓度杀灭水体中的枝角类等有显著效果。育苗前半个月施药。

4. 进水与施肥

育苗用水经筛绢过滤后,用 $50 \times 10^{-6} \sim 100 \times 10^{-6}$ 的漂白粉消毒,然后经过 7 d 两次沉淀,通过 120 目及 80 目筛绢过滤注水入池内。然后每天施肥 1 次,施肥量为硝酸钾 5×10^{-6},磷酸二氢钾 0.5×10^{-6}。等水色呈淡茶色后,每天施硝酸钾 2×10^{-6},磷酸二氢钾 $0.2 \times 10^{-6} \sim 0.3 \times 10^{-6}$。若水中铜、锌等含量超过水质标准,应加 3×10^{-6} 的 EDTA 络合。

5. 幼体密度控制

当孵化出的溞体密度 4 万 ~ 6 万只/立方米时,一般不超过 10 万只/立方米即将亲蟹移出,进入正常的幼体培育。

6. 投饵

在河蟹幼体孵出前 4 ~ 5 d,每亩施放硝酸钙 1 ~ 1.5 kg,同时接种事先培养好的单细胞藻液于池里。一旦幼体孵出就能以单细胞藻类为食。如遇阴天,藻类繁殖不好,可用每亩 1 ~ 1.5 kg 熟豆浆泼洒肥水。待溞Ⅱ期时,开始喂轮虫及丰年虫无节幼体。在溞Ⅳ至大眼幼体时期,逐日投足丰年虫无节幼体,使其密度为河蟹幼体密度的 1 倍以上,保证充足的饵料基础,确保幼体顺利变态。

7. 蟹苗出池与运输

(1)蟹苗出池前的淡化:当池内溞Ⅴ幼体 80% 变态成为大眼幼体时,成为大眼幼体 1 日龄,等到 3 ~ 4 d 龄时,就对育苗池的水体进行淡化,每日降低盐度 5,使最终池水盐度降到 2 以下,以使蟹苗适应淡水生活。淡化时,将原池的海水排掉一部分,再注入淡水,用海水相对密度计换算成盐度,依次逐日淡化。随着大眼幼体日龄的增加,对淡水的适应力也增强。一般 5 ~ 6 日龄的大眼幼体在淡水中能很好地生存。

(2)蟹苗出池:蟹苗出池前着手淡化池水,并逐渐降低水温。当池中 80% 左右的溞状幼体变为大眼幼体时,即为出池的最好时机,当大眼幼体变为幼蟹时就不易起捕。

培育池中的蟹苗,采用捞海网或聚乙烯网布制成的目大为 2 mm 的大拉网,捕法有以下几种。

①白天用捞海网捞取:利用蟹苗喜集群、喜岸边的习性,在土池选择上风一角,用捞海网不断搅动池水,造成一定方向的水流,可以捕到大量蟹苗。

②晚上灯光诱捕:利用蟹苗喜光的习性,用 100 ~ 200 W 电灯光(加罩),用

捞海网在光区抄捞。

③大拉网捕苗:它与鱼苗发塘中捕捞"夏花"一样进行捞取,起捕率可达90％以上。

④水泥培育池,可在排水孔放水出苗,用集苗箱收集。留下的在晚上用灯光法诱捕干净。

(3)蟹苗质量鉴别:

①看色泽:好的蟹苗体色呈淡黄色,差的为乳白色,体色发黑表明蟹苗已老化。

②看个体大小:好的蟹苗个体大,规格整齐,每千克14万~20万只。差的蟹苗个体较小,一般每千克在24万~28万只。

③看活动状况:好的蟹苗活动力强,反应灵敏,用手捏成团,松手后马上散开,垂直放入水中,立即朝旁边游去,离水后迅速爬行,反之则为差苗。

(4)人工繁殖蟹苗的运输:人工繁殖的蟹苗,均来自沿海自然海水的育苗场和内陆人工配置的海水育苗场。一般在4月下旬5月初至6月上旬(分两批育苗),人工繁殖的蟹苗是在人为管理的育苗池中育成的,并没有经过大自然的考验,因此必须在育苗池经过降温和淡化处理后才能运输。

人工繁殖蟹苗短距离运输,用蟹苗箱装运,每箱可装0.5~1 kg。长距离运输采用尼龙袋充氧法比较理想,用10 kg容量的尼龙袋中装1/5量的淡水,内放1×10^{-6}土霉素,再放些水草,盛0.1~0.15 kg的蟹苗,充氧后将袋口扎紧,不能漏水、漏气。如中间夹放冰袋降温更好,将尼龙袋放入纸板箱内,用包装带捆扎牢,采用汽车、火车、轮船、飞机运输均可。

实训项目四:河蟹的养成技术

一、相关知识

1.成蟹的生长发育的特点

成蟹养殖系指二龄蟹的养殖,即蟹苗经暂养(幼蟹培育)、一龄蟹种的培育至翌年的惊蛰后便进入二龄蟹的培育,直至河蟹捕捞上市。

(1)个体增重迅速,绝对生长量大。河蟹通过一龄饲养经9个月左右,体重增加8000~10000倍,但这时体重也不过50 g左右,而成蟹饲养阶段,历时7个月左右体重虽仅增加了3~6倍,达150~300 g(个别的可达400~500 g),但绝对增重却达100~250 g,甚至更高。

(2)蜕壳次数减少,一般春、夏、秋各1次。

(3)成蟹取食量大,对饵料质量要求较高。

(4)性腺逐渐发育成熟。

2.场地的选择

选择场地应按照河蟹的生态要求,根据水、土、饵料等结合农田基本建设规划进行。

(1)水源:要求水质良好,溶氧丰富,水源充足。

(2)水位:建池地点水位要稳定。

(3)土质:要能保水、保肥、通气性好的土质,土质以壤土最好,池底要较硬,淤泥不超过 5 cm 厚。

(4)池形:要求实用面积大,蟹池设计施工容易,生产管理方便,节省工程投资。

(5)饵料:要求饵料来源便利。

(6)交通方便,电力要有保证。

(7)水体盐度最好是纯淡水,如沿海地区的水体盐度要掌握在 4 以内。

3.河蟹专养池塘的结构

(1)池形:蟹池以东西长、南北狭为好,呈长方形。水池的长宽比为 3:2 或 5:3。大池的长宽比为 2~4:1。

(2)面积:一般为 2~3 亩,大池以 5~10 亩为宜。

(3)水深:0.8~1 m,向阳的一面要求有浅的水区(水深 10~30 cm),供河蟹蜕壳用。浅水区呈阶梯形,阶梯宽 20~40 cm。

(4)设置蟹穴和蟹岛避免河蟹互相残杀,也用做河蟹蜕壳、吃食、栖息的场所。

4.设置蟹穴和蟹岛

(1)采用直径为 9~10 cm 的复水毛竹,截成 1 m 长的竹段,打通竹节,然后每 7~9 根竹段捆成一捆,捆扎要紧,每捆扎绳延伸向上,设置时按一定间距,均匀布放水底,并以小竹桩固定,标志其位置。一般每亩水面放置 38~40 捆。设置蟹窝便于检查、观察,减少捕捞损伤,提高回捕率。

(2)池塘内用竹箔或网片分割水体。

(3)池塘种植芦苇、茭白等挺水植物,亦可用水花生等水生植物编排成蟹窝设置于池中。

(4)在池底、池坡用瓦片、碎砖、石块、竹筒、树根等材料砌成镂空状蟹穴。

(5)在池中修建圆形或椭圆形或"卅"字型和"艹"字型或"十"字型或方形或条形等小岛,岛上可种植牧草作河蟹饵料,也可作蜕壳隐蔽、栖息之用。

5.建造防逃设施

（1）在堤边插高 1 m 的竹箔,将池包围起来,竹箔下端贴上尼龙薄膜和在竹箔上端装上盖网,盖网与竹箔呈45°倾斜。

（2）石壁或水泥板壁防逃墙:在塘埂上加建 60 ~ 80 cm 高的石壁或水泥板壁,并在壁顶加盖"厂"字型压口,压口宽25 ~ 30 cm,可有效地防止河蟹逃逸。池壁交界处,即四角应成圆弧状,切忌直角或锐角,以防河蟹沿角攀爬,压口的材料可选择白铁皮或水泥预制板等,以白铁皮为好,省工、省料,也便于安装。

（3）尼龙薄膜或聚酯塑料板防逃墙:要求尼龙薄膜高出地面 60 ~ 80 cm。可将薄膜埋入泥中 20 ~ 25 cm 增加牢固性,其上端用竹片或细竹作内衬,将薄膜裹缚其上,然后每隔 0.5 m,用木棍或粗竹片作桩,将整个尼龙薄膜拉直,支撑固定,形成一道尼龙薄膜防逃墙。

（4）加高池墙:池周围的墙高出埂面 60 cm 以上,埂面上下都用水泥浆砌或三合土夯实。

（5）其他:可采用石棉板、玻璃纤维板等作防逃设施。另外,进、排水口用铁丝网拦好。

6. 放养密度及规格

放养时间:11 月下旬至翌年 3 月底。

放养规格:5 ~ 10 克/只的 1 龄蟹种,每亩放养 2 000 ~ 4 000 只。目前,生产上常用的放养模式如下:

（1）亩产100 kg 的放养模式:规格在每千克800 只以内的,亩放养 3 000 ~ 3 500 只;规格在每千克600 只以内的,亩放养 2 400 ~ 3 000 只。

（2）亩产150kg 的放养模式:规格在每千克800 只以内的,亩放养 4 000 ~ 4 700 只;规格在每千克600 只以内的,亩放养 3 500 ~ 4 000 只。

二、技能要求

（1）掌握养殖期间的管理。

（2）掌握河蟹的捕捞方法。

（3）掌握成蟹的运输方法。

三、技能操作

1. 养殖之前的准备

（1）蟹池水草移栽:清池一周后栽种水草。在养蟹池四周的浅水区和池中央种植沉水植物,主要有苦草、轮叶黑藻、马来眼子菜、萍类等水草,通常种植 4 棵/平方米,必须将水草的根插入淤泥中,栽后灌水 10 cm 深,使其扎根。

水面上要放置凤眼莲等水生植物,使水草覆盖池水面积的 1/4 ~ 1/3。这些水草不仅起到遮阳作用,而且可以为蟹种提供嫩根作为饵料,更重要的是利用凤眼莲对重金属和有毒物质的吸收作用达到净水的目的。

在池埂边放些水花生、水葫芦等水生植物,为河蟹蜕壳、栖息提供一个隐蔽、安全的场所。水草成活后向池中注水 50 ~ 70 cm,注水一定要经 40 目的筛绢过滤。

(2)施肥培养饵料:消毒 5 d 后要进行水体浮游生物培养,放入新水使池水达到 0.8 ~ 1 m,基肥可用鸡粪、猪粪、绿肥等,以发酵鸡粪最好,用量 250 g/m²,肥水后观察效果,放入蟹种前应该有较多浮游生物出现。溶氧达到 5 mg/L 以上,pH 值 7.0 ~ 8.0,底层水氨氮小于 0.2 mg/L,透明度 30 ~ 50 cm 为宜。

2.日常管理措施

(1)投饵:

① 饵料配比:河蟹饵料有天然和人工饵料两大类。一年中总的饵料分配为动物性饵料(精料)占 40 %,粗料(糠、饼、麸等)占 25 %,青料(水草、旱草)占 35 %。上半年是河蟹生长季节,饵料分配青料占 50 %,粗料占 30 %,精料占 20 %,并添加少量蜕壳素等;下半年是河蟹成熟阶段,饵料分配精料占 60 %,粗料占 20 %,青料占 20 %。

② 饵料投喂时间安排:放养后至 3 月底 4 月初,当平均水温未达 10 ℃时,少投或不投,如水温高于 10 ℃,可投喂少量糊状饵料。以后平均水温达 10 ℃ ~ 15 ℃时,可投喂糊状饼类、小杂鱼、螺蛳、豆渣、米糠、猪血、配合饵料等,亩量不宜多。5 ~ 6 月份可投人工配合饵料及水草,7 ~ 10 月份,增加动物性饵料投喂。11 月份以后,酌情少量投饵。

③ 投饵量及投饵时间:日投饵量为河蟹体重 1 % ~ 5 %,具体是:1 ~ 4 月份,为河蟹体重 1 % 左右;5 ~ 7 月份为 5 % 左右;8 ~ 10 月份为 5 % 以上。

投饵时间为傍晚,一般日喂 1 次。蜕壳期间,可少量多次投喂。投饵要定时、定量、定质、定位。

(2)换水:

① 池水要经常保持清、爽、活的状态,透明度在 40 cm 以上,否则应换水。

② 春、秋雨季,7 ~ 10 d 换水 1 次,换水量为 1/3;夏季每 3 ~ 5 d 换水 1 次,换水量为 1/3。

③ 换水时应注意。

a.池内、外水温差不要超过 3 ℃。早春及初夏换入的水,水温最好高于池中水温;盛夏要换入低于池中水温的水;冬天不可换入水温较高的水,以免影响休眠。

b.一次换水量不宜超过 1/2。要控制进水速度,一般以 2 ~ 3 h 换 1 次水为宜。

c.河蟹摄食明显减少,白天离水寻找洞穴,表明水质恶化,应立即冲水。

d. 连续阴天、闷热、炎热天气,要勤冲水、勤换水。

e. 久旱不雨、加水困难时,可每亩用生石灰 15～20 kg,化浆泼洒,5 d 一次,以保持良好的水质状态。

(3)巡塘观察要做到五看。

① 看河蟹活动状态是否正常。

② 看是否缺氧:若受惊动后,河蟹不下水或下水后立即爬上来,傍晚或清晨河蟹大量聚集在池边岸上,说明水中缺氧或水质变坏,必须立即换水或增氧。

③ 看是否有敌害,如发现池塘中有水蛇、水老鼠、水蜈蚣、青蛙、鸟类等敌害动物,应立即采取除害措施。

④ 看软壳蟹是否被同类残食,如发现有自相残食现象,则需加喂适口饵料和采取保护软壳蟹的措施。

⑤ 看防逃设施状况,若发现漏洞应及时修补。

3. 成蟹捕捞与运输

(1)捕捞时间:成蟹捕捞要适时捕捞,捕捞时间辽蟹在 9 月份、鸥蟹在 11 月中旬至 12 月下旬、长江蟹一般在 10 月下旬至 11 月中旬。

(2)捕捞方法。

① 放水捕蟹:在出水口装上蟹网,通过放水使蟹进入网内捕之。

② 徒手捕捉:利用河蟹晚上爬上岸觅食的习性,用电筒照捕。

③ 干塘捕蟹:先将池塘的水抽干后,再进行捕捉。

(3)运输方法。

运输距离短可用网袋、木桶装运。运输数量多或运输距离长,则用柳条或竹篾编制的筐、篓及箱装运。运前将蟹体清洗干净,用 50 cm × 40 cm × 30 cm 蟹箱,箱底铺以水草或浸湿的蒲包,将蟹逐只分层平放,每箱可放 10～20 kg。上部放少量水草压紧,用铅丝钳拧紧箱盖,防止河蟹在箱内爬动而折断附肢。

装运前要洗净装运工具,装运时注意轻拿轻放,防止挤压,运输途中用湿草包盖在箱的上方和两侧迎风面,避免风吹、日晒、雨淋。途中洒以少量清洁淡水,使箱内的商品蟹保持湿润。发现箱内有死蟹要捡出。

(4)注意事项。

① 捕蟹应注意不要漏捕,要在封冻前捕完,捕后不能及时卖出的要立即暂养。

② 商品蟹运到销售地后,应打开包装立即销售,如无法及时销售,就要把蟹散放于水泥地或加冰的大桶或 3 ℃～5 ℃ 的冷藏室内,并淋水保持潮湿。

③ 切忌将大批河蟹集中静养于有水溶器内,以免因密度过大,水中缺氧而窒息死亡。

模块八
三疣梭子蟹养成技术操作技能

实训项目一：三疣梭子蟹的生物学观察、解剖和测定

一、相关知识

1. 形态特征

三疣梭子蟹头胸甲略呈梭形，前侧缘各有9个齿，最后一枚齿特别长、大，左右突出，额缘具4个小齿，头胸甲的背部有3个明显的疣状突起，头部5节，胸部8节，腹部7节，头部和胸部愈合成头胸部，具有13对附肢。胸部8对附肢，腹部7节褶贴于头胸部下面，雌性幼蟹时腹部呈等腰三角形，交配后的雌性腹部呈椭圆形；雄蟹腹部呈三角形。

2. 内部构造

内脏中央有一近五角形透明微黄的心脏，前、后端均有动脉与器官相连，左、右侧为鳃腔，具6对鳃，消化管自口经过一短的食道与胃囊相通，后接直肠通末端的肛门。胃的两侧有左、右两叶土黄色的肝脏，雌蟹卵巢一对，为橙黄色，当成熟时几乎占据整个头胸甲，左、右卵巢各接一输卵管，其末端为纳精囊，开口在胸板愈合后的第三节。雄蟹在头胸甲前侧肝脏表面有一对乳白色弯曲的带状睾丸，与输精管相连，末端为射精管，开口在游泳足基部的雄性生殖孔。

二、技能要求

(1) 掌握三疣梭子蟹外部形态特征。

(2) 掌握三疣梭子蟹各器官所在的位置。

(3) 能区别雌、雄三疣梭子蟹。

三、技能操作

1. 操作前准备

解剖盘、解剖剪、镊子、直尺、天平、纱布、梭子蟹等。

2. 操作步骤

(1)头胸甲长、宽的测定:头胸甲前缘中点到后缘中点之距离为头胸甲长,最后一枚侧齿基部之间的距离为头胸甲宽度。

(2)外部形态观察:观察形态与侧齿数,观察头胸甲和腹部,识别雌雄。

(3)内部构造:用剪刀沿着头胸甲边缘剪开,打开头胸甲,观察心脏、胃、性腺、肝脏、腮等内脏器官。

实训项目二:三疣梭子蟹的育苗技术

一、相关知识

1. 生态习性

(1)水温:水温范围 12 ℃ ~31 ℃,最适生长水温为 15.5 ℃ ~26.0 ℃。在不同的水温环境,三疣梭子蟹的活动情况不一样。水温在 -1.5 ℃时,不摄食,部分个体在浅水区冻死;在 0 ℃ ~6 ℃时,不摄食,昼夜潜砂,呈休眠状态;在 8 ℃ ~10 ℃时开始停止摄食,活动力弱,潜伏在深水处;在 14℃时,摄食量下降,开始向深水区移动,活动正常;在 15 ℃ ~26 ℃时,摄食量大,活动正常,生长快;在 17 ℃ ~21 ℃时,交尾高峰期;在 12 ℃ ~14 ℃时,开始产卵,在 14 ℃ ~21 ℃时,开始发现抱卵群体。

(2)盐度:在温度 12 ℃ ~18 ℃,盐度为 16 ~35 均能生存,生长最适盐度为 20 ~35。越冬适应盐度为 28 ~35。盐度低于 8 或高于 38,停止摄食与活动,一天后全部死亡。

(3)其他因子:pH 值适应范围为 7.5 ~8.0;溶解氧不能低于 2 mg/L,硫化氢不超过 0.2 mg/L;24 h 内铜离子的半致死浓度为 58 mg/L。

2. 生活习性

梭子蟹白天潜伏海底,夜间出来觅食并有明显的趋光性。养在池塘中的梭子蟹日出日落时有比较明显的昼夜垂直移动现象。梭子蟹游动时,身体倾斜倒垂于水中,第 5 步足频频摆动,做横向或不定向的水平游动。潜入泥砂时,常与池底呈15° ~45°的交角,仅露出眼及触角。梭子蟹无钻洞能力,池塘养殖不必设防逃设施。水温在 18 ℃以下,梭子蟹多潜伏在池塘边的砂堆里。

3. 摄食习性

梭子蟹属于杂食性动物,喜欢摄食贝肉、鲜杂鱼、小杂虾等,也摄食水藻嫩芽,海生动物尸体以及腐烂的水生植物。而且不同生长阶段,食性有所不同,在幼蟹阶段偏于杂食性,个体愈大愈趋向肉食性。通常白天摄食量少,傍晚和夜间大量摄食。但水温在 10 ℃ 以下和 32 ℃ 以上时,梭子蟹停止摄食。

4.繁殖习性

三疣梭子蟹雌雄异体。一般寿命为 2 年,很少超过 3 年。其生物学最小型为头胸甲长 5.1 cm,雄性最大的个体为头胸甲 11 cm,宽 22 cm,体重 710 g;雌性最大个体为头胸甲长 10.5 cm,宽 22 cm,体重 730 g。产卵繁殖的群体主要由 1~2 年生的亲蟹组成。雌性产卵孵化结束后即死亡。雄性可经过 2~3 d 交配后死亡。越冬的三疣梭子蟹其交配时间为每年的 7~8 月份,而当年生的梭子蟹交配盛期为 9~10 月份。

雌蟹产卵量与个体大小有关,一般 10 万~300 万粒,具有多次产卵的习性,第 1 次产卵后,经 2~12 d 可再次产卵,个体大的雌蟹可连续产卵 3~4 次,受精卵黏附在雌蟹的附肢刚毛上发育。

刚产出的卵卵径 330~380 μm,颜色呈浅黄色,孵出前的卵径可达 400 μm,胚胎发育分卵裂期、囊胚期、原肠期、膜内无节幼体期、原溞状幼体期,当膜内幼体心跳达 180 次/分钟以上时,即将孵化出来。在水温 18 ℃~20 ℃,经 15~20 d 孵化出来。

5.梭子蟹幼体发育条件

(1)水温:适宜水温 18 ℃~30 ℃,较适水温 23 ℃~27 ℃。幼体附着阶段发育的进行,对温度的适应有所偏高的倾向。

(2)盐度:适应盐度为 20~31。

(3)pH 值:通常控制在 7.8~8.6 之间。

(4)溶解氧:应保持在 4 mg/L。

(5)光照强度:控制在 1 000 lx 以下。

(6)水质管理:幼体进入溞状第二期时开始换水,每日换水 2 次,每次换水量为 1/3;溞状幼体第三期至第四期,每次换水量为 1/2;大眼幼体时,每次换水量为 2/3,同时选择阳光不太强的早晨或傍晚进行吸污,以保持育苗水质清净。

(7)饵料投喂:溞状幼体第一期投喂单细胞藻类,如海水小球藻、褐指藻、牟氏角毛藻。进入溞状幼体第二期,以投喂动物性饵料为主,加入轮虫 5~20 个/毫升;溞状幼体第三期开始投喂卤虫的成体或新鲜蛤肉。

二、技能要求

(1)掌握亲蟹的培育方法。

(2)掌握抱卵蟹的培育方法。

(3)掌握三疣梭子蟹各期幼体培育方法。

(4)掌握附着基的投放时机和方法。

(5)掌握幼体疾病控制方法。

三、技能操作

1. 育苗前准备

(1)清洗消毒蓄水池、过滤池、输水管道、育苗池及各种用具、容器等,检修电机设备。

(2)做好单细胞藻类和轮虫的培养。

(3)做好卤虫卵孵化前的准备工作。

2. 亲蟹培育

(1)亲蟹培育池:亲蟹培育池底部 2/3 用红砖砌成沙床,内铺 10cm 厚度的细沙,1/3 作为投饵区。

(2)亲蟹的来源:秋季挑选已交配的人工养殖雌蟹或收购已交配的自然海区的雌蟹,经室内水泥池越冬培育,翌年春季促其产卵和抱卵;春季产卵季节捕获未产卵的雌蟹或已抱卵的雌蟹。

(3)亲蟹选择与培育:要选择附肢齐全,无病无损伤,活力强,体表干净,体重在 300 g 以上的雌蟹。将其放入设有沙床的池子进行培育,3~5 只/平方米;水深 80 cm,海水温度 18 ℃~22.5 ℃,盐度 24~28,pH 值 8.2~8.6,溶氧在 5 mg/L 以上,光照在 500~800 lx。暂养期间每天换水 100 %,并清除残饵和粪便。沙层每 1~2 周清洗一次。饵料主要以鲜活杂色蛤为主,其次是蛤肉和杂鱼。投饵量按体重的 5 %~10 %,投饵分早晚各一次,早上投饵量为总量的 40 %,晚上投饵量为总量的 60 %。未抱卵的亲蟹在自然水温暂养 5 d 开始升温,越冬期间保持水温 6 ℃~8 ℃,一般升温到 16 ℃左右,每天升温幅度0.2 ℃~0.4 ℃,30 d 左右可抱卵。此时每天检查亲蟹是否抱卵。

3. 抱卵亲蟹运输

甲宽 15 cm 以上的抱卵蟹,在运输过程中尽可能缩短离水时间,一般不超过 30 min,防止受精卵脱水坏死及原溞状幼体流产。运至育苗场后,将抱卵蟹放在塑料筐或竹篓内,每筐(或篓)只放养 1 只抱卵蟹,如果用水箱运输,100~120 只/立方米,并且注意用橡皮筋或细绳将鳌足绑到头胸甲上。

4. 抱卵蟹的培育

抱卵蟹在水温 18 ℃左右,眼点出现后,经 10~11 d 可孵出溞状幼体;在胚胎额角基部出现紫色小点时,经 1~2 d 幼体即破膜孵出。抱卵亲蟹水温控制在 21 ℃~22 ℃,待抱卵亲蟹经过 13~16 d 的培育开始排幼。

亲蟹抱卵后,抱卵的亲蟹选到没有沙床的池子进行培育。以 0 ℃为基准,从入池计算积温在 420 D° 以下时,才能正常孵化。每天升温 0.5 ℃直到 22 ℃,恒温孵化。如果温度过高,要想方设法降温,可在池中挂遮阳网、在池水中放冰块、开窗、通风等保持温度恒定。

每天换水 50 % ~ 100 %,换水时清除死蟹和残饵,如有砂层 7 ~ 10 d 洗沙一次,投饵按抱卵蟹体重的 5 %,每天傍晚投喂鲜蛤肉或蛎肉 1 次。每日换入过滤海水 1 ~ 2 次,打气充氧,保持水质清净。盐度保持在 25 以上。

5. 孵化与选优

布地前将育苗池用 20×10^{-6} 高锰酸钾消毒,再用 200 目筛绢网过滤水冲刷干净后进水,水深 80 cm,水温 22 ℃。每个池子放亲蟹 1 ~ 2 只,卵群色泽变化依次为淡黄→橘黄→橙黄→茶色→褐色→灰褐色→紫黑色,胚胎发育外观呈灰色,镜检心跳 180 ~ 200 次/分钟时把亲蟹装到产卵笼内,抱卵蟹即将孵化时应消毒,杀灭附着在亲蟹体表的原生动物,用 20×10^{-6} 的高锰酸钾药浴 10 min,或制霉菌素 40×10^{-6} 药浴 30 min。梭子蟹排幼一般在夜间 8 时至凌晨 4 时。消毒后的抱卵蟹清洗干净移到育苗池孵化。

甲宽 17 ~ 20 cm 的抱卵蟹,可孵出溞状幼体 100 万 ~ 300 万/只,平均每克卵的孵化量为 1 万 ~ 3 万只。当溞状幼体从受精膜孵化出来后就可选优,选优就是利用溞状幼体有趋光的特性,将聚集在孵化池表层、活动活泼的幼体移到育苗池中培养。

6. 各期幼体培育管理

选优操作时,先停气 5 ~ 10 min,待健康幼体聚集浮于上层后,用 100 目手操网将游动活泼的优质溞状幼体捞出或采用虹吸法,幼体培育池洗刷干净,水深控制在 1.0 ~ 1.2 m,幼体密度控制在 10 万 ~ 20 万/立方米。三疣梭子蟹从溞状幼体到仔蟹,在水温 22 ℃ ~ 27 ℃,需 16 ~ 21 d。

(1)Z_1 阶段:水温 21 ℃ ~ 22 ℃,不换水,每天加水 10 cm 到 20 cm,如果投代用饵料(虾片、藻粉、酵母、豆浆),投饵量为 3 ~ 6 mg/m³;如果投喂皱臂尾轮虫,日投喂量为每个幼体 10 ~ 15 个轮虫。轮虫投喂前可用浓缩小球藻或鱼肝油强化 6 h。微波状充气。

(2)Z_2 阶段:水温 22 ℃ ~ 23 ℃,用 60 目筛绢网换水 20 cm,日投喂量为每个幼体 15 ~ 20 个轮虫,并少量投喂卤虫无节幼体,卤虫无节幼体 2 ~ 3 个/立方米。微波状充气。

(3)Z_3 阶段:水温 23 ℃ ~ 24 ℃,每天用 60 目筛绢网换水 50 cm,日投卤虫无节幼体量为每个幼体 20 个左右。微波状充气。

(4)Z_4、Z_5 阶段:水温 24 ℃ ~ 25 ℃,用 40 目筛绢网换水 80 cm,日投喂卤虫无节幼体量为每个幼体 40 个左右。溞状幼体期间沸腾状充气。

(5)M 阶段:水温 25 ℃ ~ 26 ℃,用 30 目筛绢网换水 100 % 以上,日投喂卤虫成体和糠虾及磨碎鱼肉,投喂量为幼体体重的 100 %。强沸腾状充气。

（6）C 阶段：水温 26 ℃ ~28 ℃，用 20 目网换水 150 % 以上，投喂卤虫成虫和糠虾及磨碎鱼肉，日投喂量为幼体体重的 200 % 到 300 %。饵料投喂原则为少量多次，每天可投喂 6 ~8 次。大眼幼体和幼蟹强烈充气。甲壳宽 3 ~4 mm，体重 10 mg，足易脱落，出苗时应小心，防止蟹苗受伤。强沸腾状充气。

（7）附着物制作与投放：大眼幼体期饵料不足时，幼体自残较严重，增加附着物使幼体附着，可提高幼体成活率。当 3 日龄大眼幼体期，要在池中投放聚乙烯网片（30 ~40 目筛绢网），按 0.5 ~1 平方米网片/立方米水体的密度放置，可减少幼体互相残杀。

（8）排污：大眼幼体变为幼蟹后改为底栖生活，此时不能吸污，但由于变态蜕壳和残饵量的增多，池底易变质，产生的氨氮上升，造成幼体中毒死亡。这时要采用充气管向池底部充气，使堆积的脏物被冲起后随水一起排掉，以保证幼体在良好的水质中生长。

（9）疾病防治

整个育苗期间（除幼蟹外），保持 EDTA 浓度为 5×10^{-6}，发现疾病用土霉素 2×10^{-6} 进行处理。

7. 仔蟹出池

刚变态的仔蟹（C_1），甲宽 3 ~4 mm，体重 10 mg，大眼幼体在池中培养 5 ~6 d 就可变成稚蟹，将培育水温、盐度逐渐调至海区相近时，即可出池，可将附着在附着基上的仔蟹提出来，放入水槽中，然后将水排至 20 ~30 cm，用捞网捞取并且由池底排水孔集苗，经计数后运输。

8. 蟹苗的中间培育

中间培育就是将仔蟹（C_1）培育成壳宽 2 ~4 cm 的幼蟹过程，培育池面积 2000 m²，水深 1.2 m，底质为沙质或沙泥底质，池底适量铺沙堆，室外土池可放置棕榈绳，水泥池放置无结网片作为隐蔽物，放养密度为 15 ~20 只/平方米，投喂鱼糜或小杂虾，开增氧机，经 20 ~30 d 培育，可用地笼或干塘起捕。

也可用 20 目筛绢网成一块水面，水深 20 ~30 cm，密度 100 只/平方米，投喂卤虫和蓝蛤，经 10 ~20 d，即可养成壳宽为 3 ~4 cm 的幼蟹，经计数后放入池塘中养殖。

实训项目三：三疣梭子蟹的养成技术

一、相关知识

1. 池塘养殖

梭子蟹的池塘养殖大致分为池塘养成、育肥和越冬三种形式。养成是指从蟹苗到商品蟹;育肥是指秋天收购交尾雌蟹,在池内再养2~3个月,使其性腺更加饱满;越冬是选择大规格亲蟹,在室内或室外越冬,为第二年准备亲蟹。

2. 池塘面积

粗养10 hm² 以上,半精养2~3 hm²,精养0.7 hm² 以内。最大水深2 m左右,一般1.2~2 m。东西走向,池底铺10 cm细沙或沙泥底质,池底还应铺设障碍物如石砾、石块、网片等。进排水通畅,池塘四周不必围网或设置篱笆。

3. 水质要求

无污染,相对密度1.008~1.020,冬季水温高于7 ℃最佳。pH7.8~8.6,溶解氧5 mg/L。

二、技能要求

(1)掌握三疣梭子蟹养殖方法。

(2)掌握三疣梭子蟹放苗技术。

(3)掌握三疣梭子蟹捕捞方法。

三、技能操作

1. 清池与消毒

一般在当年养殖结束后的秋末或初春进行清池,可将池底水排净,根据池底的污染情况决定清池方法。如果池底黑化层在10 cm以下,可将池底翻耕,充分氧化曝晒,曝晒时间要在1个月以上;如果池底黑化层超过10 cm以上,要将淤泥彻底清除出池塘。养殖池的消毒一般选用生石灰或漂白粉,不仅能够杀灭有害生物,还能有效改善底质,生石灰用量一般为375~500千克/亩,漂白粉(有效氯含量35 %)用量一般为$50 \times 10^{-6} \sim 80 \times 10^{-6}$。方法是先将池内进水30~40 cm,选择晴好天气,将消毒药物兑水化浆后全池均匀泼洒,2 d后将水排净晾晒,直至药性消失。

2. 进水与施肥

池塘彻底消毒至药性消失后,用40目或60目筛绢过滤海水,池内进水70~80 cm。然后施用经过充分发酵的有机粪肥,肥效较长。有机肥用量一般为15~20千克/亩。施肥方法是将发酵好的粪肥装入网眼稀疏的蛇皮袋内,将袋子放入池塘四周水体内或将袋子垂挂在进水闸周围水体中,虽然肥水时间较长,但不易污染水质,操作简单且方便。用无机肥肥水时一般选择尿素、过磷酸钙等,全池均匀泼洒,用量一般为1.5千克/亩,磷肥0.5千克/亩,肥水后的池水颜色呈黄绿色或黄褐色,池水透明度为30~40 cm。

3. 苗种放养

(1)放苗时间:三疣梭子蟹放苗,南方4~5月份直到8~9月份都可,北方5

月上旬~7月上旬。一般在5月20日~5月30日进行,混养的日本对虾第一批苗要在4月25日前后放苗。水温15 ℃~17 ℃时就可放苗。

(2)苗种选择:要选择体质健壮、规格整齐、颜色均匀一致、体表有光泽、活力强、手握后能迅速散开的苗种,苗种规格一般选择二期第2 d幼蟹,大小为8000~12000只/千克。

4. 苗种运输

可采用10 L的尼龙袋加水充氧运输,每袋装运1万~2万只,水占尼龙袋体积的1/3,氧占尼龙袋体积的2/3,适合短距离运输。长距离运输多采用干运法,即将低温处理并浸泡透的稻壳和二期幼蟹苗一同装入袋内,充氧后运输,每袋装苗0.5~0.75 kg。

5. 放苗

(1)先将尼龙袋放入池中20~30 min,待袋内的温度和池内温度相近时再将苗种倾入池中。

(2)多选择放苗点使池内投放的苗均匀分布。

(3)选择上风头放苗,防止体质弱的苗种被吹到岸边而致死。

6. 放苗密度

三疣梭子蟹的放苗密度一般体重15~20 g的幼蟹在1 000~2 000只/亩,或一期幼蟹3 000~5 000只,每年农历芒种至夏季采捕自然海区梭子蟹苗的季节,精养一般每亩放养甲长2~3 cm幼蟹4 000~5 000只。放苗6~8 cm密度1 500~2 500只/亩,轮捕轮放,捕大留小。半精养二期幼蟹2 000~3 000只/亩,或5~6 cm幼蟹1 000只/亩。粗养5~6 cm的幼蟹150~200只/亩。

7. 水质管理

(1)水温:18 ℃~33 ℃,以25 ℃~32 ℃生长最快。

(2)pH:7.8~8.6。

(3)盐度:梭子蟹盐度一般为18~32。幼蟹对低盐度的适应性强,成蟹养殖最适宜盐度为25。

(4)溶解氧:大于4~5 mg/L。

(5)透明度:养蟹池的水色以浅绿色或淡褐色、透明度为30 cm左右为好。若水清见底,梭子蟹存活率就低。

(6)底质:三疣梭蟹适于泥砂底质中生存,尤以砂底质为主最好。淤泥多的底质,含有腐植质、硫化氢、病菌也多,会影响梭子蟹的生存和生长。

(7)水质调控:

①养殖前期,蟹甲宽5 cm以下,进水闸稍提起,使养殖池塘内水体处于微循环状态,添加水为主,提高到1m后再适时换水。

②养殖中期,蟹甲宽 5~8 cm,逐渐加大换水量,每隔 3~5 d 换水 1 次,每次换水量 1/4~1/3。

③养殖后期,蟹甲宽 8 cm 以上,每隔 2~3 d 换水 1 次,每次换水量 1/3~1/2。

④每月泼洒生石灰或沸石粉 1 次,高温季节可以每月泼洒 2 次。

⑤调节好水质,每隔半个月投放 1 次微生物制剂(益水素)。

8. 饲料投喂

三疣梭子蟹投喂的饵料主要有蓝蛤、小杂鱼、卤虫及配合饲料等。也食用配合饵料,其蛋白质要求在 31 % 以上,投饵量依蟹大小而异,甲宽 8 cm 以下,日投饵量为梭子蟹总体重的 3 %~5 %;甲宽 8 cm 以上、日投饵量为梭子蟹总体重的 6 %~8 %。每日早晨和傍晚各投饵 1 次,以傍晚多投,早晨少投。第一次在早晨 5~6 h,投喂量占日投喂量的 30 % 左右,并将饲料投放在水位较深的区域;第二次在下午 6~7 h,投喂量占日投喂量的 70 % 左右。

投喂时应掌握的原则是:白天少投喂、夜间多投喂,水质差时少投喂、水质好时多投喂,蜕壳后少投喂、蜕壳前多投喂,高温和阴雨天气少投喂、适温时多投喂,交配后少投喂、交配前多投喂。投饵还要根据水温的变化和残饵情况及时调整。当水温超过 35 ℃ 或低于 14 ℃,应减少投饵或停止投饵。

高温期在饵料中可加入大蒜、中草药,定期加入 0.2 % 维生素 C、0.1 % 的免疫多糖以增强梭子蟹的体质,防止疾病。

9. 生长情况

日常观测,每 15 d 进行一次生物观测,测其甲长、甲宽和体重,检查其生长情况以衡量养殖效果。对水温、盐度、pH 值、溶氧等指标也定期测量,做好记录。每次测量抽取蟹 20~30 只。

(1)甲壳宽 4 cm 以下时,每 7 d 左右蜕壳 1 次。

(2)甲壳宽 4~6 cm 时,每 10 d 左右蜕壳 1 次,每次雌雄蟹平均增重 10~15 g。

(3)当甲壳宽 6~12 cm 时,每 15 d 左右蜕壳 1 次,每次雌雄蟹平均增重 15~20 g。

(4)进入 8 月,雌蟹与雄蟹在池塘中开始交配,交配后的雄蟹不再蜕壳,此时可将雄蟹出池上市,池中留下雌蟹进行育肥。

10. 病害防治

在养殖过程中,病害防治主要以防为主,从使用健康的蟹苗、合理的营养搭配、科学投喂经过消毒与清洗后的鲜活饵料生物、定期进行水体消毒、坚持使用微生物制剂(益水素)等各方面严格把关,能够防止病害的发生。

11. 收获技术(手抄网等)

收获时间应在 9 月~10 月秋末,当水温降到 15 ℃以下,梭子蟹甲宽已达 7 ~8 cm,体重 100 g 左右,在夜间或凌晨用手抄网或耙子逐个捕捉梭子蟹,从中挑选出肉满体实的黄膏蟹上市销售,将体轻不够肥满的梭子蟹放入池了继续放养。11~12 月,梭子蟹都已丰满,甲宽大都达到 11~13 cm,体重 150~200 g,放水先采捕雄蟹,然后再收捕卵巢已发育的有膏的梭子蟹,可用手捉或铁耙收捕。

12. 育肥

9 月初~10 月中旬雌蟹和雄蟹交配后,捕出雄蟹上市出售,池中留有达到商品规格,肥满度不够、卵巢尚不饱满的雌蟹进入育肥阶段,第二年春节前后收获。可在土池或大棚、室内进行,培育约 30~120 d,当年蟹密度 6~9 只/平方米,15 ℃以下一般不投饵,7 ℃注意防冻,刚刚交配后,饲料以蓝蛤为主,交配 1个月后改为投喂新鲜的杂鱼或冰冻杂鱼,投喂量以上一次投喂的饲料略有剩余即可,不可多投喂而败坏水质。进入养殖后期,调控好水质是育肥的关键,可加大换水量,最好每天换水 1 次,每次换水 1/2;采用急排慢进的方式,当蟹黄达到蟹壳的 1/2 以上时可出池上市。

模块九
刺参的养成技术操作技能

实训项目一:刺参的生物学观察、解剖和测定

一、相关知识

1. 刺参的外部形态(图 9-1)

刺参也称"沙噀",刺参科。体圆柱形,两头稍细,长 20~40 cm,体色一般为褐色,带有深浅不同的斑纹,此外,还有绿色、赤色、灰白或白色的个体,口位于腹面前端,周围环生 20 个分枝状触手。肛门在后端。体横断面略呈四角形,背部隆起,具有 4~6 行大小不规则的圆锥形肉刺——疣足,肉刺的多寡、长短和体色常依产地、生活环境不同而有差异。体腹面平坦,密布管足,排列成不规则的纵带。生殖孔位于体前端背部距头部 1~3 cm(依个体大小),呈一凹孔,此孔色素较深,尤其在生殖季节可见。

2. 刺参的内部构造(图 9-2)

(1)肌肉系统:刺参的体壁分表皮层和结缔组织层,在这两层组织之间有无数钙质骨片。结缔组织层之下为肌肉层,由纵横肌组成。

(2)消化系统:刺参的消化道是一条在体腔内弯曲两次的纵行管,分为口、食道、胃肠、总排殖腔、肛门等。口内无咀嚼器,刺参将海底的食物连同泥沙一起吞入消化道中,吸取其中所含的食料。食道周围有 10 片石灰质骨片,5 片位于步带区,另 5 片位于间步带区。这些骨片都是白色,为 5 束强大纵肌的固着点,肠为圆筒形,在体腔中做两次弯曲。因此,由横断面看,有 3 个肠子切面,后端膨大成总排泄腔,其末端开口即肛门。

(3)呼吸系统:刺参的呼吸器官外形呈树状,故称为"呼吸树"。

(4)循环系统:食道上围有一血管环,由此还分生出 5 条辅血管,沿步带区分布而埋藏于皮肤肌肉囊中,延伸至体后端。肠外附有肠血管一条,在肠与悬

肠膜相接的一侧血管为背肠血管;另一条在无悬肠膜一侧为腹肠血管。这两条肠血管又形成血管网,分布于肠曲折之间。呼吸树与背肠血管所形成的血管网紧密相连。海水由肛门进入总排泄腔,然后流入呼吸树,在此吸收氧气。左侧呼吸树之外分布有背血管网。呼吸的氧气通过背血管网进入循环系统,由血液携带到各器官,二氧化碳经此途径随海水排出呼吸树而达到体外。刺参无专门的排泄系统,由呼吸系统兼行之。

(5)步(水)管系统:该系统发达,筛板藏于体腔中并与体壁层完全分离,成为体腔中游离的物体,为一个带有许多小孔的石灰板,水管环围于食道而在血管环之上方,分出5副步管,先向前走,分支于触手,复向后沿步带区分枝于管足。各管足及触手基部具有坛囊,由水管环通一梨形波里氏囊及一石管,末端开口于体内。

(6)生殖系统:刺参生殖腺是由许多树枝状细管构成,位于肠系膜的一侧或两侧,有一条总管连接到生殖孔(图9-3)。生殖季节生殖腺变粗,雌性卵巢为杏黄或桔红色,雄性精巢为黄白或带乳白色。

图9-1　刺参外部形态　　　图9-2　刺参内部构造　　　图9-3　刺参生殖腺

3.海参常见种类

(1)仿刺参(图9-4):仿刺参生活在岩石海岸,主要分布在我国的北方沿海,属温带种。成体骨片桌形,退化或缺,上有许多不规则穿孔。

(2)梅花参(图9-5):海参纲中最大的一种,体长一般60~70 cm,大的可达90~120 cm。背面肉刺很大,每3~11个肉刺基部相连呈花瓣状,故名"梅花参"。又因体形很象凤梨,也称"凤梨参"。腹面平坦,管足小而密布。口稍偏于腹面,周围触手有20个。背面橙黄色或橙红色,散布黄色和褐色斑点;腹面带赤色;触手橙黄色。皮肤内的骨片很简单,一种是微小、重叠和密集的颗粒体;另一种是纤细和分枝2~3次、不规则的X形体。常栖息于深3~10 m而有少数海草的珊瑚砂底。主要分布于西沙群岛。梅花参是我国南海重要的人工养殖种类。

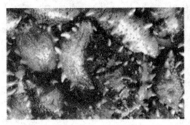

图9-4　仿刺参　　　　　　　　图9-5　梅花参

（3）绿刺参（图9-6）：体呈四方柱形。一般体长30 cm。沿着身体的棱角各有两行交互排列的圆锥形肉刺。腹面管足很多，排列成3个纵带，中央一带较宽。口大，稍偏于腹面，周围有触手20个。体浓绿色或黑绿色，肉刺顶端为橙黄或橙红色，触手基部灰白色，末端带灰黑色，管足为灰黑色。分布于西沙群岛和海南岛。

（4）黑参（图9-7）：我国西沙群岛和海南岛南部出产很多，一般体长20～30 cm，圆筒状，两端较细。口偏于腹面，周围有触手20个。背面疣足小，呈管状，散生不规则。腹面管足小而密，排列不规则。体黑褐色或深褐色，管足末端为白色。

图9-6　绿刺参　　　　　　　　图9-7　黑参

二、技能要求

（1）掌握刺参的外部形态；能说出管足与疣足的作用。

（2）能识别刺参的内部结构；辨别刺参雌、雄性腺颜色。

（3）能识别不同种类的海参。

三、技能操作

1.操作前准备

海参、解剖盘、解剖剪、手套等。

2.操作步骤

（1）观察海参的外形：认识疣足和管足、触手等。

（2）内部构造观察：用解剖剪从肛门沿着背部剪开，观察刺参的性腺、消化器官、水管系统等器官。

（3）操作结果：绘出图形，辨别雌、雄。

3.注意事项

（1）注意安全，避免刀具划破手指。

（2）保护好标本，避免刺破标本，实验结束后将标本送回标本室。

实训项目二、刺参的繁育技术

一、相关知识

1. 采捕时机

亲参要做到适时采捕。采捕过早，亲参尚未发育成熟的生殖腺在长期蓄养中将萎缩变细；采捕过晚，亲参在自然海区将性产物大量排放，会错过获卵机会。

2. 亲参质量和数量

好的亲参体大，健康、健壮，刺尖挺，活力强，性腺发育成熟。可按 1~2 头/立方米的数量准备，如果产卵顺利，1 头/立方米足够了。

3. 排脏现象

刺参在受到强烈刺激时可将其内脏（包括消化管和呼吸树）全部排出体外，称为排脏现象，通俗说法叫做"吐肠子"。引起排脏的原因有很多，主要有海水污浊、水温的突然升高或突然降低等化学和物理刺激。

4. 自溶现象

刺参离开海水时间过长或生活环境遭到油污污染时，刺参的身体（体壁）会自动溶化，即自溶现象。

5. 夏眠现象

当海水温度达 20 ℃以上时，成参就潜入深水隐蔽处，停止摄食，排空消化道，进入夏眠状态。

6. 刺参的个体发育

刺参的个体发育指从受精卵到成体为止的发育过程，包括胚胎发育期、浮游幼体期和底栖生长期，各期之间有变态过程。

（1）受精：刺参是体外水中受精的。在环境条件合适的情况下，受精能否成功的关键在于精、卵的成熟度，未成熟或过熟都不能受精。卵子受精之后受精膜举起，一般就依此作为卵子受精成功的标志。

  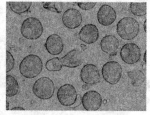

图 9-8　刺参产卵　　　图 9-9　刺参排精　　　图 9-10　刺参受精卵

（2）卵裂：受精卵首先经过一系列重复的分裂形成一个多细胞的胚体，这个过程称为卵裂。刺参属于辐射等裂和全裂类型，其特点是分割沟遍及整个卵子，分裂球大小相等。

（3）囊胚期：卵裂的结果形成中空的囊胚，进入囊胚期。囊胚是卵裂的结果，外形像桑葚状，故又称为"桑葚期"。

（4）原肠期：在囊胚末期后，逐渐形成一个双胚层的胚体，即进入原肠期。发育至原肠期后，胚体即以幼虫形式从受精膜内孵出，在水中自由浮游生存进行浮游生活。

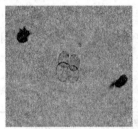 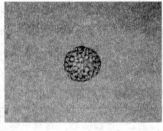 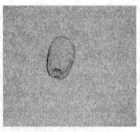

图9-11　刺参的卵裂　　图9-12　刺参的囊胚　　图9-13　刺参的原肠胚

（5）耳状幼体：由原肠期进一步发育的幼体从侧面看很像人的耳朵，故称之为耳状幼体。耳状幼体又分为初耳幼体（小耳幼体）、中耳幼体和大耳幼体。初耳幼体结构简单，幼体刚长出明显的口前臂与口后臂，其他臂不明显。消化道已明显分为口、食道、胃、肠与肛门。在胃与食道交界处的左侧有体腔囊，由于消化道的沟通，此期幼体开始摄取外界食物。中耳幼体的6对幼体臂粗壮明显，在食道与胃交界处的后侧出现半环体形的水体腔，水体腔呈拉长的扁囊状。大耳幼体的6对幼体臂很粗壮，身体两侧出现5对球状体，在半球形的水体腔上逐渐长出5个囊状的初级口触手原基和交互排列的辐水管原基。

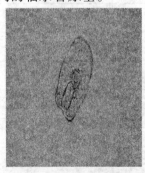 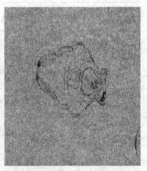 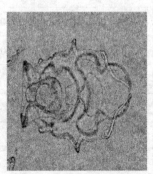

图9-14　小耳状幼虫　　图9-15　中耳状幼虫　　图9-16　大耳状幼虫

(6)樽形幼体:此期幼体已失去了前期所有的背腹扁平形态,而逐渐变为圆桶形。因形状很像被囊动物海樽,故名樽形幼体。由耳状幼体变为樽形幼体的过程中,幼体体形的结构发生很大变化。幼体体长明显地急剧缩小,大约缩小一半左右,身体由透明状变为暗灰色。此期仍可见 5 对球状体。原有的纤毛带很快地失去原有的连续性而变成了 5 条环形纤毛环。

(7)五触手幼体:此期 5 个触手伸出前庭,口凹腔加宽,5 触手从前庭突出并各自逐渐生出侧枝;幼体的纤毛带逐渐退化,最后完全消失,开始进入附着生长期。

(8)稚参:五触手幼体后期的形态基本为成参的雏形,幼体又开始拉长,并在表面形成一些形状很规则的蜂窝状钙质板;同时,在幼体腹面后端肛门的下方生出第一个管足,幼体即开始行底栖生活。此时,外形和生活习性均与成参相似,故称稚参。

表9-1　刺参胚胎及幼体发育时间、大小(水温 20 ℃~21 ℃)

受精时间	发育阶段	体长(μm)
20~30 min	极体出现	140~170
43~48 min	第一次分裂	140~170
48~53 min	第二次分裂	140~170
1 h~1 h 30 min	第三次分裂	140~170
3 h 40 min~5 h 40 min	囊胚期	200 左右
12 h~14 h 20 min	孵化出卵膜	200 左右
14 h 40 min~17 h 40 min	原肠初期	260 左右
17 h 40 min~25 h 20 min	原肠期	280 左右
25 h 20 min~31 h 30 min	初耳幼体	360~430
5~6 d	中耳幼体	500~700
8~9 d	大耳幼体	800~1000
10 d 左右	樽形幼体	400~500
11 d 左右	五触手幼体	300~400
12~13 d	稚参	300~500

二、技能要求

(1)掌握亲参选择标准与方法。

(2)掌握种参的培育方法。

(3)掌握种参的催产方法。

(4)掌握受精卵的孵化方法。

三、技能操作

(一)亲参的培育

1. 亲参的采捕

亲参的采捕应在亲参产卵盛期前 7~10 d,即在自然海区水温达 15 ℃~17 ℃时进行。

2. 亲参的规格

采捕的亲参个体体长最好在 20 cm 以上,一般为 25~30 cm,体重为 200 g以上。

3. 亲参的运输

亲参运输可采用干运和水运,运输容器应无毒卫生,运输时应注意避免参体挤压,并防止风吹、日晒、雨淋,选择在早上或晚上运输,途中要注意观察其活动情况,及时采取换水、控温等措施。种参的运输一般用百斤塑料桶每个桶装20~40 头并加满水,拧紧桶盖;或用厚塑料袋每个袋装 15~20 头并加水 1/3,充氧后扎紧袋口放在保温箱中;短距离可用保温箱直接干运。

4. 亲参的蓄养与管理

亲参入蓄养池前要去掉已排脏及皮肤破损受伤的个体,以免在蓄养中继续溃烂并影响其他个体。

(1)水温:18 ℃~20 ℃,亲参可按 20~30 头/立方米蓄养。

(2)投饵:蓄养期间一般不投饵。

(3)换水:每天早、晚各全量换水一次,换水前,应清除粪便及污物,并拣出已排脏的个体。近产卵时,早上换水前应吸池底,检查是否已有亲参产卵。

5. 亲参的人工促熟培育

为了在当年培育出大规格的参苗,通过人工升温促熟培育,加快亲参性腺发育,可使亲参提早 20~30 d 产卵,在这个过程需要投饵。

(1)水温:日升温幅度不应超过 1 ℃。当温度升至 13 ℃~15 ℃时要进行恒温培养,在产卵前 7 d 左右才可将水温升至 16 ℃~18 ℃。

(2)饵料:亲参每日按其体重的 4 % 分早、晚两次投喂鼠尾藻磨碎液或人工配合饲料,上午投 30 %,下午投 70 %。

(3)换水:每天早晚各换水一次,每次换水量为培养水体的 1/3~1/2,换水温差不大于 1 ℃,及时清除池底排泄物和残饵。

（二）亲参的催产

1. 阴干法

将经挑选的亲参阴干 30～60 min，然后再用流水缓慢冲流 40～50 min。经刺激的亲参放入事先升温 3 ℃～5 ℃的海水中。采用上述方法一般多在傍晚 17 时左右进行，经刺激的亲参，多于晚 20:00～22:00 开始非常活跃，并爬于近水面的池壁。

2. 药物法

在特殊情况下，用次氯酸钠处理的半量海水刺激 1 h 左右后加入新鲜海水至全量。

3. 紫外线

用紫外线照射海水法进行刺激。

4. 自然产卵

性腺发育好的，在蓄养 3～5 d 后，可在蓄养池内自然排放性产物，先是雄性排精，半小时后出现雌参产卵。

（三）刺参受精卵的孵化

1. 受精卵密度

在水池育苗时，卵的收容密度应控制在 10 个/毫升以下。

2. 孵化管理

（1）洗卵：在卵全部沉到池底后，将上、中层水放掉，将亲参全部捞出投入其他水池，洗卵 2～3 次后进行卵的定量。

（2）管理：每隔 30～60 min 可用木耙搅动池水。搅动要上、下进行，不要呈圆弧式，以免池水形成旋涡使受精卵旋转集中。

（3）环境条件：水温 17 ℃～20 ℃，盐度为 29～32，pH 值 7.8～8.5，光照 500～1 000 lx，溶解氧 5 mg/L 以上，连续微量充气。

实训项目三：刺参的浮游幼体培育技术

一、相关知识

1. 幼体选优

受精卵发育到初期耳状幼体后，健壮、发育良好的幼体在静水中分布于池水表层，畸形、不健康或死亡胚体则多沉于池水底层，利用幼体这一特点，清除质量差、死亡的胚体和其他污物，让健康幼体在池内继续培养，即为幼体选优过程。

2. 选优的方法

（1）虹吸法：依靠水位差的压力，用一根内径 3 ~ 5 cm 的橡胶或塑料虹吸管，将幼体由孵化池吸入培育池内。

（2）拖网法：用260目筛绢制成的拖网将上浮于水表层的幼体拖入培育池。网箱长度与孵化池宽度相当，高20 ~ 40cm。

（3）网箱浓缩法：将孵化池内含有幼体的水用虹吸的方法吸入网箱内，使水通过网箱流出，幼体浓缩滞留于网箱内。网箱用260目筛绢制成，先将网箱系在相应大小的网箱架上，网箱架大小与形状依下水道宽度等情况而设计，一般为圆柱形或方形。操作时将网箱放在玻璃钢或塑料槽（盆）上，但网箱上端要高于槽的上沿，以免幼体随水溢出。用网箱浓缩时水流不能太急，并且还要不断抖动网箱，以免幼体在急流冲击下大量贴网而损伤。还要随时用玻璃杯取样，观察箱内幼体密度，当幼体在箱内集中到一定数量后，应及时从网箱内舀出，移入培育池。用此法选育易损伤幼体，但因没有把不洁净的海水带入孵化池，保证了培育池的水质清新。

（4）直接在原孵化池培育：若受精卵布池密度不大（1 个/毫升以下），并且是用人工授精法授精，孵化水较洁净，且孵化率正常，也可不必将幼体选入它池。可先停止增氧使健康幼体上浮，将池底不健康幼体和死亡胚体以及污物吸净后，再静置半小时使健康幼体全部上浮，然后将下层池水放掉1/2 ~ 2/3，再次加注新水后直接进入幼体培育阶段。

3. 幼体饵料种类

有盐藻、角毛藻、叉鞭金藻、等边金藻、小新月菱形藻等，最适饵料主要是角毛藻和盐藻，适宜饵料包括小新月菱形藻、三角褐指藻、中肋骨条藻等，慎用饵料主要是金藻类，如湛江等鞭金藻、球等鞭金藻3011 等。不适饵料如扁藻、小球藻、微绿藻等，使用效果最差。此外，有些代用饵料如鼠尾藻磨碎液也有较好的饲育效果，采用金藻和硅藻混合投喂效果最好。

二、技能要求

（1）掌握浮游幼体的选优方法。

（2）掌握浮游幼体的培育与管理方法。

（3）掌握刺参各期幼体的鉴定方法。

三、技能操作

1. 选优

当胚胎发育到小耳幼体时要进行选育，用200 目的 NX79 尼龙丝网拖选或用虹吸管虹吸选育，选优后的幼体密度一般控制在0.5 ~ 1 个/毫升。

虹吸前，先将孵化池停止增氧静置半小时左右，将池底畸形不健康和死亡胚体及污物吸出池外，然后微量增氧并搅池，进行计数，按照计划的布池密度，将幼虫吸入培育池。

采用拖网法具体操作时,先停止增氧,待幼体上浮后用网在池水表层来回缓慢拖动,使幼体密集入网内,然后将网口轻轻提起,网底不离水面,将网内集中的幼体带水舀出,如此反复进行多次,当观察到池内幼体基本没有时即可停止。

2. 饵料投喂

投喂量为小耳幼体 1 万个/毫升,中耳幼体 1.5 万个/毫升,大耳幼体 2 万个/毫升。刺参后期幼体可投喂一部分代用饵料,鼠尾藻磨碎液每天投喂量 10 × 10^{-6} ~ 15 × 10^{-6},食母生澄清液每天 6 × 10^{-6} ~ 8 × 10^{-6},海带草发酵液每天 10 × 10^{-6} ~ 15 × 10^{-6}。在生产中要注意通过镜检幼体胃的饱满度而加以适当调节,一般胃区内有一半饵料即可。

3. 水环境条件控制

盐度:26.2 ~ 32.7。

光照:500 ~ 1500 lx。

水温:20 ℃左右,换水前后的温差小于 1 ℃。

4. 换水

一般每天换水两次,早、晚各一次,每次换水量为池水的 1/3 ~ 1/2。

5. 吸底和倒池

将吸底管插到池底,用吸管将池底吸干净,一般情况下 1 ~ 2 d 吸一次底。吸底不能彻底清除池底的污物,可以采用倒池的方法彻底清除池底的污物,即将培育池内幼体通过虹吸等方法转入加有新鲜海水的干净的培育池进行培育。

6. 防病

浮游期每天投抗生素 2 × 10^{-6} ~ 3 × 10^{-6},药用酵母 0.2 × 10^{-6} ~ 0.5 × 10^{-6}。

7. 观测

每天用显微镜观察幼体生长发育情况,观察幼体在池中分布情况。

浮游阶段幼体生命力脆弱,属于死亡高峰期,发育正常与否,直接影响到育苗生产的成败。幼体发育正常与否的判定,可参照以下指标。

(1)体长增长:耳状幼体的正常体长范围为:初耳幼体 450 ~ 600 μm;中耳幼体 600 ~ 800 μm;大耳幼体 800 ~ 1 000 μm。日体长增长平均为 50 μm 左右,若明显低于 50 μm,则属不正常。

(2)外部形态:耳状幼体左右对称,前后比例适宜。幼体臂随着发育,日渐粗壮、突出、弯曲明显,否则为畸形幼体,多易夭折。

(3)胃的形态:耳状幼体胃梨形,丰满,胃壁薄、清晰、透明,胃液颜色较深,显微镜下可见饵料随食道有节律地收缩不断进入胃内,经消化的饵料,由肠道排出体外为正常形态。若胃壁增厚、粗糙、胃形狭窄、萎缩,模糊不清,或较长时间空胃,应立即分析查找原因,否则将迅速恶化,甚至在短时间溃烂。

(4)水体腔发育:初耳幼体胃的侧上方有一圆囊状体水体腔,到了中耳幼体变为拉长的囊状并分为前后两个腔,随着幼体不断发育,后面的一个腔逐渐形成半环状构造,围绕在食道周围。大耳幼体水体腔出现 2 ~ 3 个凹,凹面向着食道,凸面向外侧。发育至大耳幼体后期,出现指状五触手原基和辐射水管原基。若水体腔发育迟缓或不发育,则属不正常。

(5)球状体出现:大耳幼体后期,躯体两侧出现大小相似、对称透明的 5 对球状体。若球状体大小不一,或始终发育不到 5 对,则表明幼体发育不正常。

(6)樽形幼体:大耳幼体末期,幼体急剧缩短为原体长的 1/2 ~ 1/3,身体由透明逐渐变为不透明,此时球状体仍清晰可见,幼体出现 5 条明显的纤毛环。

(7)五触手幼体:此期主要特征是 5 个指状触手可以从前端自由伸出。樽形幼体和五触手幼体之间持续时间不长,一般 1 ~ 2 d,只要耳状幼体发育变态正常,樽形幼体和五触手幼体多数能变态为稚参。

实训项目四:刺参的附着幼体培育技术

一、相关知识

稚参培育期泛指从长出管足到参苗出库的培育阶段。这一阶段大约需 2 个月左右。有人将发育到 1 cm 以上的变色参苗称为幼参。

1. 附着基

为了充分利用水体,增加稚参的附着面积,在樽形幼体大量出现时应及时投放附着器。目前采用的附着器多为折叠式或框架式,即将 20 片聚乙烯或聚丙烯半透明或透明的波纹板组装于长方形的框架中为一组附着器。也有用聚乙烯薄膜片作为附着基。通常发现 1/3 樽形幼体出现时,放置附着基密度为 80 片/立方米。

2. 附着基处理

新附着板一定要用碱水浸泡并冲洗干净。预先接种底栖硅藻进行培养。为避免藻体老化、板结,使用底栖硅藻前 7 ~ 10 d 应视情况将附着基上的藻体刷下,反复过滤,重新接种。

3. 水质条件

水温应在 18 ℃ ~26 ℃之间,最好不要超过 26 ℃;光强度应在 700 ~ 1 000 lx,

一般不要超过 1 600 lx;盐度为 26～33,盐度在 13 以下时幼体会大量死亡;pH 值为 8.0～8.2;溶氧为 4.0 mg/L 以上;有机物耗氧量为 2 mg/L 以下;氨态氮含量以不超过 200 mg/m³ 为宜。培育密度控制在 0.5～1 头/平方厘米以下至 2 000～5 000 头/平方米变化。

4. 饵料

变态后 3～5 d 开始人工投饵。若附着基上未附底栖硅藻,投附着基后第二天就应投饵。早期可投鼠尾藻磨碎液、底栖硅藻等,随着稚参的生长,逐渐加投新鲜海泥、配合饵料等,还可添加适量的螺旋藻粉、海带粉、酵母、鱼粉等。需要注意的是,附着基投放之初,只要水中仍有未变态的浮游幼体,就要继续投适量的单胞藻饵料。

5. 投饵量大致掌握标准

以鲜鼠尾藻滤液为例:稚参在 2 mm 以下,日投喂 10～40 g/m³,并补充少量单胞藻和底栖硅藻;稚参长至 2～5 mm 时,日投喂 40～100 g/m³;稚参长至 5 mm 以上时,日投喂 100 g/m³ 以上。

鲜鼠尾藻粉碎后的利用率约 30 %～50 %,应按实际投喂量计。配合饵料和鼠尾藻干粉一般按稚参体重的 5 %～10 % 投喂。每天投喂 2 次,白天占 1/3,晚上占 2/3。以上投喂中建议添加适当"破壁酵母"加"海参多维"。

二、技能要求

(1)掌握附着基的制备与处理方法。

(2)掌握附着基投放的时机。

(3)掌握附着幼体的培育方法。

三、技能操作

1. 附着基的准备

(1)附着基的处理:目前一般使用聚乙烯波纹板(图 9 - 17)或聚乙烯薄膜(图 9 - 18),要求透明、无毒、无害,投放前用 0.05 %～0.1 % 的氢氧化钠溶液浸泡 2～3 d,然后用 10×10⁻⁶～15×10⁻⁶ 的高锰酸钾溶液洗刷一遍,再用过滤海水冲洗干净,除去药物、油污及脏物。附着基种类较多,有尼龙筛绢网(图 9 - 19)及扇贝笼(图 9 - 20)等。

(2)底栖硅藻的接种:

① 附着基:洗刷干净附着基即可放入培育池中接种底栖硅藻。

② 藻种:以小型舟形藻、卵形藻和菱形藻为主,可取自池壁、筏架、礁石及大型海藻上。用 260 目 NX103 筛绢网过滤 2～3 次。

③ 接种:将附着基呈水平方向平铺在培育池中,加入适量的新鲜过滤海水,然后接入藻种,充分搅拌均匀,静止不动。翌日将附着基倒置,用同样的方法接种另一面。需要注意的是,附着基接种后要及时稀疏,使其垂直放置。

④ 换水施肥:每 1～3 d 换水一次,每次换 1/2～1/3,并按换水量施肥:氮 10×10^{-6} ～ 20×10^{-6} ,磷 1×10^{-6} ～ 2×10^{-6} ,硅 1.0×10^{-6} ,铁 0.1×10^{-6} 。

⑤ 水环境:水温保持在 15 ℃～23 ℃ 为宜,光照一般在 1 500～2 500 lx 为宜,经常倒转附着基方向。培养过程中,注意观察底栖硅藻的生长及敌害生物的发生情况。

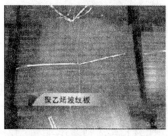

图 9-17　聚乙烯波纹板

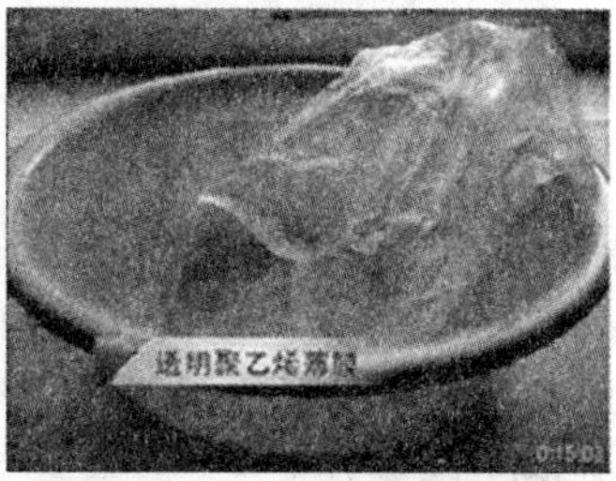

图 9-18　聚乙烯塑料薄膜

图 9-19　尼龙筛绢网

图 9-20　扇贝附着基

2. 投放附着基

当大耳幼体出现五触手原基后或幼体 20 %～30 % 发育至樽形幼体(图 9-22)时是投放附着基的最佳时机。一般幼体浮游 7～9 d 即可发育到樽形幼体,一般产卵后 9～10 d 投放附着基。根据池中幼体的数量而定,一般投聚乙烯波纹板 80 片/立方米左右,其他材料的附着基依其每片面积大小参照此数投放。为便于收集池底稚参(图 9-23),可以在池底先铺上一层塑料薄膜或波纹板(图 9-24)。

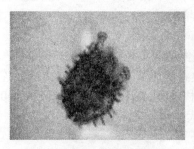
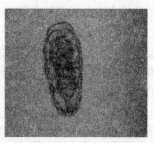

图 9-21　五触手幼体

图 9-22　樽形幼体

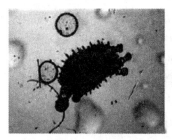

图 9-23　稚参　　　　　　图 9-24　波纹板上稚参

3. 鼠尾藻等加工方法

取鲜原藻,用"克蚤灵"杀灭其中的桡足类等敌害后,将其剁碎,再用粉碎机重复粉碎 2~3 次,或用磨浆机磨细,然后根据刺参的规格用 100~200 目的筛绢过滤,取其滤出的藻汁配合"海参复合预混料"或"刺参浓缩料"投喂。

新鲜海泥富含底栖硅藻、有益细菌、矿物质、微量元素和有机质等,使用得当的话,既可提高育苗效果又节约了生产成本。

4. 海泥采集方法

一是在海区挂网片、塑料筐等附着器采集,二是直接从海底刮取。切忌不可挖有臭味的海泥。海泥投喂前要曝晒、杀菌、用 300 目网袋过滤处理。采集后暂存期间要增氧,并加"克蚤灵"或抗生素杀灭桡足类等敌害和杀灭病菌处理。也有的将海泥煮熟后投喂,但该法在杀死敌害和病菌的同时,也使海泥中对参苗有益的活性物质受到破坏,可根据实际情况具体掌握。

5. 管理

(1)饵料:附着前几天仍需继续投喂单胞藻,一般 4~7 d 后可适当投喂鼠尾藻磨碎液。当全部附着后,可只投鼠尾藻磨碎液和人工配合饵料,投喂量视情况而定。

(2)换水与倒池:每天每次换水量为培养水体的 1/3~1/2,有条件的每天换水两次。首次倒池子在附着一个月左右进行,以后一般一周左右倒池一次。首次换附着基一般要在稚参长至 4~6 mm(附着后 40~50 d)后进行,此时管足已达 8 个以上,活动力和抵抗力明显增强。

(3)充气:每天连续充气。

(4)水温:适宜温度即可,夏季高温期间不应超过 28℃。

(5)防病与除害:定期施加抗生素防止真菌感染,一般倒池后连续投 2~3 d。定期用聚维酮碘药浴。若出现桡足类,在附着前期可用敌百虫 0.5×10^{-6} 杀灭,后期加量,用药 3~10 h,然后大换水。

实训项目五:刺参的中间培育与运输技术

一、相关知识

1. 中间培育

将体长 2 cm 参苗培育成 3 cm 以上的大规格参苗的过程叫中间培育。运输方法有干法和湿法,干运法包括不剥离干运和剥离后干运。

2. 北方池塘养殖刺参的参苗来源

(1)人工培育的当年苗。

(2)春苗:即前一年人工培育的参苗经室内人工越冬,体长 5cm 左右、体重 5 ~ 20 g(50 ~ 200 头/千克)。

(3)野生苗。

3. 水环境

培育参苗的室内水池水深 80 ~ 100 cm,越冬期间水温应保持在 10 ℃ ~ 13 ℃。幼参适应盐度的下限为 15 ~ 20。

4. 稚参的饵料

有天然饵料和人工配合饵料。天然饵料主要有底栖硅藻,单细胞藻类的浓缩液、大型藻类(如鼠尾藻)的磨碎液、海泥等。

二、技能要求

(1)掌握刺参网箱和室内水泥池中间培育技术。

(2)掌握参苗的干运与湿运运输方法。

(3)掌握稚参饵料处理方法。

(4)掌握稚参培育管理方法。

三、技能操作

1. 海上中间育成

(1)场所的选择:必须是风浪较小,有机悬浮物较多内湾。

(2)设施:金属框架规格为 60 cm × 60 cm × 30 cm,外包网目为 1.4 mm 的网衣中间育成笼,笼内铺设黑色的波纹板。

(3)设置:在我国北方中间育成正值冬季,因此育成笼应在水面下 3 ~ 4 m 以下,或沉于海底,不要设在表层,以免因刺参受冻害而造成死亡。此时可增加投饵次数,但每次的投饵量则应适当加大,因在低温下饵料即使剩余也不会腐败。

(4)密度:每笼放入的参苗不应超过 400 头,经过 3 ~ 3.5 个月育成,体长可达 3 cm 以上,成活率为 82 % ~ 100 %。

(5)管理:在育成期间要依水温及风浪情况调节水层,在春季到来之后要加强管理,要及时清洗网笼,避免网眼堵塞,同时要及时清除杂物。应防止参苗的机械损伤及从网缝中逃逸。

2. 利用室内水泥池、养成池、专用的中间培育池进行中间培育

(1)温度:最好在10 ℃~15 ℃,不应低于5 ℃。

(2)养殖密度:放苗量500尾/平方米左右,若有充气设备,可适当增加放苗量。

(3)附着基:可用育苗阶段使用的附着基,也可以在池底投置一些经消毒处理的砖瓦和石块。

(4)饵料:中间培育期间的饵料可以自行配置,也可以购买专用配合饲料。使用配合饲料应控制使用量,防水质恶化。

3. 越冬保苗

越冬保苗是春苗的培育,即将前一年人工培育的参苗经室内人工越冬培育,培育成体长5 cm左右、体重5~20 g(50~200头/千克)的过程。

(1)设施:利用塑料大棚池塘、海水井等简易设施,进行刺参苗的室内越冬培育,也是一种行之有效的方法。

培育参苗的室内水池水深80~100cm,池底散堆石块或平铺扇贝笼,以增加参苗附着面积。刺参喜避光环境,如有海水井调节水温,可遮光培育。没有控温设施的,可每天白天开启棚帘以日光保温。

(2)保苗密度:越冬培育期间的参苗密度,应根据参苗大小、水温、饲育条件等决定。一般情况下,2 000~4 000头/千克,2 000~3 500头/平方米;1 000~2 000头/千克,1 000~2 000头/平方米;600~1 000头/千克,500~1 000头/平方米;50~200头/千克,100~300头/平方米。

(3)饵料及其投喂:刺参为吞食性底栖动物。室内越冬培育的食料以鼠尾藻、海带等藻类的磨碎过滤液为主,也可投喂螺旋藻粉、豆粉等。日投喂量为幼参体重的5~8%,其中白天投喂总量的30%,夜晚投喂总量的70%。干粉饲料需经浸泡、网滤后投喂。培育过程中,应根据水温、幼参的生长、残饵及幼参排粪便状况,调节投喂量。

(4)管理:流水培育。一般每天流水4~6次,每次2~3 h,每天流水量为培育水体的1~2倍增至3~4倍。吸污倒池:每2~3 d吸污1次,8~15 d倒池1次;连续微量充气(投饵后要停止充气1 h),在水温高时应增加流水量,达到6~7个量程。

刺参保苗池应保证水质清新,溶解氧含量在4 mg/L以上,日换水1/3~1/2,平时连续微量充气。每周排干池水、清底1次,每月倒池1次。越冬期间水温应保持在10 ℃~13 ℃。幼参适应盐度的下限为15~20,与成参相比,虽然幼参对低盐度海水有一定的耐受能力,但使用海水井调节水温时,仍需注意盐度的变化。

越冬期间,要定时监测水质理化因子的变化情况,要经常观察幼参的活动和摄食状况。引起排脏的主要原因有水温突变、海水污浊等理化因素刺激,如果饲料不当或过量投喂、水温急剧变化,应及时将排脏的、皮肤严重溃烂幼参从

池中捞出,以防池底变黑发臭,防止其感染。发现病原菌时,可施加抗菌素 2 ~ 3 mg/L,防止病原菌蔓延。

观测海参的摄食、活动及生长情况。视情况进行筛选,分期出池,以利于个体小的迅速生长。

4. 运输方法

(1)干运:

① 不剥离干运法:将参苗与附着基一起运输,装运时要防止附着基互相挤压,上盖蓬布或塑料布,以防风吹、雨淋、日晒。运输过程中,每隔 2 h 喷淋海水一次,运输时间 10 h 以内可采用此法。

② 剥离后干运法:将参苗剥离后分层放入塑料箱等硬质容器内运输,箱内铺海水润湿的棉花或海带草,途中经常喷淋海水,气温 20 ℃ 以下时,运输 10 h 以内成活率为 98 % 以上。

(2)水运法:将参苗剥离后,放在玻璃钢桶或帆布桶内,容器内加入约 1/3 容量的海水,运输途中充氧;或将剥离后的参苗装入盛有 2/3 容量海水的塑料袋中,充氧后密闭运输。密度为体长 3 cm 左右的参苗约 1 000 头/立方米,体长 2 cm 左右的参苗约 2 000 头/立方米,体长 1cm 左右的参苗约 5 000 头/立方米。水运法可以长时间运输,气温 20 ℃ 以下时,运输 20 h 以内可采用此法。如果气温较高且运输时间较长,应降低参苗的运输密度,以确保运输途中参苗的成活率。

无论采用何种方法运输,在参苗运输前应充分做好安排,参苗运到后要尽快放养入池,以避免参苗的损失。

实训项目六:刺参的养成技术

一、相关知识

海参围堰池塘养殖,在地势较平的岩礁地带建池,池子顶部在小潮高潮线以下,池子最低处留有阀门以利排污放水,池底铺设二至三层石块作海参礁,属于半纳潮型池塘。通常池塘 1 ~ 3 hm²,水深 1.5 m 以上,通常 2 ~ 3 m。池塘底质要有较好的保水、保肥、通气性能,以较硬的砂泥或泥砂底质为好。

二、技能要求

(1)能根据实际情况在放苗前设置参礁。

(2)能根据实际情况选择参苗投放时间。

(3)掌握参苗的放养方法。

(4)掌握刺参的池塘养殖方法。

三、技能操作

（一）池塘的处理

1. 参礁的种类与投放数量

(1)石块参礁(图9-25)：每块石块重10~20 kg,一般每亩投放石块50~150 m³。投放方式如下。

①条状：投石垄条宽1 m左右,高30~50 cm,条间距2~3 m。

②堆状：成堆投石,每堆1~2 m³,高度30~50 cm,堆间距2~3 m。

③满天星状：又称天女散花式,随意向池中投石。

(2)水泥预制件参礁(图9-26)：多层多孔状空心砖等、水泥管等,规格为20 cm见方的空心砖,每亩投300~500块,一般也摆成条状或堆状。

(3)瓦片参礁(图9-28)：一般每3片瓦一组,3个瓦片的长边依次对接,形成一个三角棱柱体,用细绳捆扎牢固,垂直立在池底。也可每2片为一组,上边对接在一起,互相支撑,每片与池底呈约60°角斜立在池底。摆成条状或堆状,每亩投瓦片2 500~3 000片。

图9-25　石块参礁

图9-26　水泥预制件参礁

图9-27　空心砖参礁

图9-28　瓦片参礁

(4)扇贝笼：将若干扇贝笼连成一串,伸展后顺进水方向成条状固定在池底。根据具体情况,每1.5~2 m设一排。

(5)其他材料：汽车外轮胎、陶瓷管、树枝捆、筐篓、树桩、旧网衣、塑料薄膜、编织袋等采用多种材料做参礁。

2. 清池

一般在秋、冬季或春季刺参收获完后进行。约3年左右就应进行一次彻底的清整和消毒。先排干池水,捡净刺参,将参礁移出或用高压水泵冲净,清除池底污泥和杂物,然后翻耕曝晒半月以上,必要时回添新沙。

3. 消毒

池塘消毒一般在放苗前 1～2 个月进行。先往池内注入少量海水（淹没参礁），施加生石灰 300～500g/m³，全池均匀泼洒。

4. 清除敌害生物

敌害生物如鲈鱼、虾虎鱼、鲷科鱼类、海星、蟹类、美人虾、骷髅虾等，一般用上述清池方法即可杀死，若仍未杀净，要放干池水后人工捡出。

（二）池塘饵料的培养

纳水 30～50cm，覆盖池底与参礁。然后向池中施无机肥或有机肥（如鸡、猪粪等）。新建池塘可适当多施发酵有机肥。可施加经发酵的有机肥（每亩 500～1000 kg）或无机肥（每亩 20～30 kg）。

（三）参苗投放

1. 参苗的放苗时间

（1）秋苗：人工培育的当年苗种，体长 2～4 cm 左右，每亩投放 0.8～1 万头，成活率一般在 10%～40%，1.5～2 年可以收获。

（2）春苗：上年人工培育的苗种经室内人工越冬，个体大小在 6 cm 左右，每亩放苗 4000～8000 头，当年秋冬可收 1/4～1/3，翌年夏眠前即可全部收获，成活率在 70% 以上。

（3）自然苗：50～60 头/千克，早春投苗，亩放苗 2 000～3 000 头，成活率可达 90% 以上。入冬前可收获 80% 以上，翌年夏眠前可全部收获。

2. 参苗放苗方法

选择体表干净，无伤，无黏液，肉刺完整、尖而高；体色正常、色素深，有光泽；摄食旺盛，粪便较干、呈散落不粘连的粗长条状；规格较整齐，无特别小的个体；离开水后收缩正常，管足附着力强，躯体硬朗，在水中活力强，头尾活动自如，伸展自然；拿在手中稍颠几下，参苗反应灵敏，收缩快、健康的参苗。

在风和日暖的天气，水温升至 10℃ 以上，采用逃逸法或直接投放法放苗，要将苗一次放足。

（四）日常管理：

1. 换水

（1）池塘注水口设置 40～60 目筛绢网。

（2）3～6 月中旬，一般日换水 10%～20%，保持水深 1.2～1.5 m。

（3）6 月下旬～9 月中旬，日换水从 20% 逐渐升至 50% 以上。其中水温最高的 7～8 月份，能自然纳水的池塘要有潮就纳、有水就进，无自然纳水条件的池子，每天也要机械提水，保持水质清新，水深始终维持在 2 m 以上的最高水位。

（4）夏眠过后，随着水温的下降，可将日换水量渐减至 20% 以下，水位降至 1.2～1.5 m。

(5)可用增氧机增氧,用水泵进行内循环,日增氧和内循环 2~3 次,每次 2 ~3 h,以夜间为主。

(6)冬季刺参摄食量小,代谢弱,对水质污染较轻,主要是维持池水的稳定,可少换水或只进水不排水,保持 2 m 以上的最高水位即可。

2. 投饵

大多数池塘养殖刺参很少投饵,主要依靠天然饵料,以单胞藻、底栖硅藻、有机碎屑、腐蚀的小型动物尸体为食;刺参生长速度慢,周期长。

投饵可缩短养殖周期,一般在 5 ℃~18 ℃的春、秋两季投饵,其中在水温 10 ℃~15 ℃的快速生长期,每 2~3 d 投饵一次,在一般生长季节,每 5~7 d 投饵一次,每次投饵量占池内刺参总量的 5 %~8 %。一般在傍晚投饵。在水温 18 ℃以上和 5 ℃以下停止投饵。

3. 危害防治

(1)烂皮病治疗:烂皮病由饵料污染、有机物污染、油污、无机污染、重金属及 pH 值波动较大、水质淡化(盐度降低 17 以下)等原因引起的。治疗方法即潜水员下水,收集刺参,放入青霉素、链霉素各 50 g/m³ 药液中药溶半小时左右投入池田中即可。

(2)化学污染与有机污染:停止换水,加强内循环,污染解除方可换水。

(3)雨季、淡水大量注入进水口处则加盐,使盐度在 18 以上。

(4)赤潮、黑潮、黄潮:三潮必须提前预防,当透明度达 0.5 m 以下,必须进行防治。治疗方法有如下两种。

①石灰泼撒:水深 1.5 m 左右,将每亩 40 kg 的生石灰碾成粉末,均匀撒落在池中,沉底变成白灰,对刺参无害。

②加 2 g/m³ 甲醛或次氯酸钠(浓度 10 %左右),均匀泼在池塘表面,水体富营养化消失,对刺参无害。与生石灰结合分期使用效果更好,但不可混合使用。

实训项目七:刺参的收获与加工

一、相关知识

原料的来源与验收:将达到商品规格的刺参由海区捕获上岸,加工验收标准必须是鲜刺参体重达 300 g 以上,个体健康且体表有光泽而无溃烂现象,肥满度好而自身无污染。鲜刺参经加工成的干成品刺参,外观饱满肥胖,体表光滑、色泽新鲜,体表外刺坚挺、前后排列整齐,刺尖而不臃肿的刺参质量好。鲜刺参每 23 kg 可加工 1 kg 干成品刺参。

二、技能要求

(1)把握好刺参抓捕时机,及时捕获刺参。

（2）运用刺参质量鉴定标准准确鉴别刺参的等级。

（3）掌握刺参收获与加工方法。

三、技能操作

1. 收获

春季 4 ～ 5 月份,刺参的体壁肥厚,出成率高,商品价值大;但 4 ～ 5 月份也是刺参的适温生长期,所以在夏眠前收获为宜。9 ～ 10 月份的刺参,因刚刚结束夏眠,皮层较薄,不宜收获。1 ～ 2 月份新年、新春期间,鲜参的市场价格高,可适量收获。刺参的收获规格为体重 150 ～ 300 g,自然伸展体长 15 ～ 20 cm。池养刺参一般采取轮流放苗、轮流收获的方式,每年以 3:1 的比例捕大留小。

2. 加工

（1）去内脏:加工前,用尖刀在刺参背面中下部至肛门处,向其体内深切一刀至内脏,将其内脏、肠衣等全部挖出,只留刺参胴体加工。

（2）清洗:将刺参胴体放入容器内,用干净海水搅拌冲洗至刺参胴体干净为止。

（3）沸煮:将冲洗干净的刺参胴体放入铁锅内,加入胴体重 1:0.7 的淡水,用急火将锅内水和刺参烧至沸开,此时向锅内点少许凉水降温,而后转温火继续再烧,共烧至 4 个开,每烧一个沸煮开,每次都要及时向锅内加少许凉水降温控制沸煮点。

（4）拌盐:鲜水刺参胴体经铁锅沸煮 4 个开后,用法篱捞,沥水后,放入塑料盆内拌入刺参体重 45 % 的食盐。

（5）下缸:将拌盐的刺参放入瓷缸内,放置在搭棚阴凉通风处,腌制 12 d 后方可出缸。

（6）烤参:也称为二次沸煮,将咸成品的刺参出缸再次放到铁锅内,同时加入刺参胴体重 1:0.1 的淡水,随后用急火将锅里刺参烧至沸开,此时稍添一点凉水降温,而后继续用慢火烧,共 4 个沸开,每烧一个沸开添少量凉水。

（7）拌灰:刺参经铁锅二次沸煮后用荒篱捞出,沥净水后,放入塑料盆内,拌入刺参胴体重 10% 柞木碳灰搅涂于刺参体表,达到起干防潮作用。

（8）凉晒:刺参体表拌入柞木碳灰后,稍等 30 min 后,均匀平放在水泥平台上凉晒,以至水份全部晒干为止。

（9）选参:刺参晒干,按个体大小分级,干成品刺参 120 头/千克以上为商品甲级刺参,80 头/千克为优级刺参,60 头/千克为特级刺参。120 头/千克以下为幼参次级。

（10）包装:刺参包装是加工工艺最后一道工序,采用规格 18 cm × 25 cm 透明无毒的聚乙烯薄膜塑料袋装入 0.5 kg 刺参,抽空封口。

模块十
海胆的养成技术操作技能

实训项目一:海胆的生物学观察、解剖和测定

一、相关知识

1. 海胆的外部形态

海胆壳为半球形,分为口面和反口面。口面有口和齿,口位于腹面中央偏前。反口面有肛门和生殖孔。胆壳由许多紧密联结的多角形规则排列的钙质骨板构成,很坚固,壳面上有疣,上载有能活动的棘,棘具有扑食、御敌、清除异物作用。壳板上有小孔,可伸缩管足。管足根部与辐管系统相连,前端膨大成吸盘。壳和棘的颜色变异较大,色泽多呈红褐色、绿褐色,但灰褐、赤褐、灰白乃至白色的棘亦时有发现。种类不同,胆壳的直径和棘的长短不同。

2. 海胆的内部构造

(1)体腔:壳内空间,充满体腔液,含无色变形细胞,输送营养,协助排泄。

(2)消化系统:由口、咽、食道、胃、肠和肛门及消化腺组成。口在下面,中央有 5 个白齿,系咀嚼器官—亚氏提灯的一部分。

(3)呼吸系统:由围口鳃,皮鳃及管足肠侧水管组成不发达呼吸系统。

(4)循环系统:即围血系统,由血管环、辐血管、腹血管和背血管及分支血管组成。

(5)生殖系统:雌雄异体,外观难辨雌雄,正形胆,5 对成熟好,充满体腔。歪行胆多 4 对。性腺呈桔黄、淡黄色。

(6)神经系统:由网状神经纤维构成神经丛组成。

3. 常见海胆种类

(1)马粪海胆(图 10 - 1):壳坚固,半球形,直径 3 ~ 4 cm。反口面低,略隆起,口面平坦。步带区与间步带区幅宽相等,但间步带区的膨起程度比步带区

略高,因而壳形自口面观为接近于圆形的圆滑正五边形。成体体表面大多呈暗绿色或灰绿色,大棘短而尖锐,密生在壳的表面,长度仅有 5 ~ 6 mm。棘的颜色变异较大,色泽以暗绿色居多,但灰褐、赤褐、灰白乃至白色的棘亦时有发现。每片步带板上生有大疣 1 个、中疣 5 ~ 6 个、小疣若干个。顶系隆起较低,第 1 眼板和第 5 眼板与围肛部相接。生殖板及眼板上都密生着许多小疣。管足孔的排列方式为每 4 对构成一个弧,管足内的骨片为 C 形。生长温度 0 ℃ ~ 30 ℃,繁殖季节在我国北方沿海 3 ~ 5 月份。

(2)虾夷马粪海胆(图 10 - 2):壳低,半球形,壳高略小于壳径的 1/2,最大壳径可达 9 ~ 10 cm,一般壳径 6.85 cm,壳高 3.43 cm。口面平坦稍向内凹,反口面隆起稍低,顶部比较平坦。颜色多呈红褐色、绿褐色等。大棘针形,长度 5 ~ 8 mm,棘长约 1 cm 以下。管足每 5 对排列成一个斜形弧,管足内的骨片为 C 形。自然分布在日本北方海区及俄罗斯远东沿海,1989 年引入我国。

虾夷马粪海胆 1 年中有 2 个繁殖季节:春季 5 ~ 6 月份和秋季 9 ~ 11 月份,适宜繁殖水温 10 ℃ ~ 20 ℃。我国北方的育苗生产单位多在 9 ~ 11 月份利用育苗设施的相对空闲时间进行人工育苗。

图 10 - 1　马粪海胆　　　　　图 10 - 2　虾夷马粪海胆

(3)光棘球海胆(图 10 - 3):又名大连紫海胆。胆体呈半球形,直径 6 ~ 7 cm 个体较多,最大可达 10 cm,生时呈赤褐色,干燥后呈暗黑色,幼体呈绿色。壳薄而脆。口面平坦,反口面隆起。赤道部以上步带较窄,约为间步带的 2/3,但到围口区边缘却等于或反比间步带略宽。管足常紫色、紫褐色。步带疣突明显,间步带疣突粗大,棘大小不等,大棘粗壮,长可达 3 cm,棘为灰紫色。步带板上每 6 ~ 7 对管足孔排成斜弧形,管足内的骨片为 C 形。生殖季节生殖腺色泽淡黄至橙黄。繁殖季节 6 ~ 8 月份。生长适温 15 ℃ ~ 20 ℃,分布于辽东半岛和山东半岛北部的沿海,日本北部浅海及俄罗斯远东沿海。

(4)紫海胆(图 10 - 4):壳直径 6 ~ 7 cm,棘强大,常发达不均衡,一侧长,一侧短,管足内有弓形骨片,成体为黑紫色。8 对管足孔排成斜弧形,主要分布在我国浙江、福建、广东各地沿岸及日本南部沿海。繁殖季节为 4 ~ 9 月份。

图 10-3　光棘球海胆　　　图 10-4　紫海胆

二、技能要求

(1)能辨认不同种类的海胆。

(2)能识别海胆的内部构造。

(3)能区别雌雄海胆性腺颜色。

三、技能操作

1.操作前准备

海胆、解剖盘、解剖剪、手套等。

2.操作步骤

(1)观察海胆的外形:认识口面和反口面、棘刺、棘钳等。

(2)内部构造观察:用解剖剪从肛门沿着背部剪开,观察海胆的性腺、消化器官、水管系统等器官。

(3)操作结果:绘出图形,辨别雌、雄。

实训项目二:海胆的苗种生产技术

一、相关知识

1.种胆的成熟度

通过剖壳检查的方法判断海胆生殖腺成熟状况。若被检查的样品中大部分海胆的生殖腺外观饱满,或者生殖腺外有少量白色或淡黄色液汁渗出,说明该种海胆生殖腺成熟良好,已经进入或即将进入繁殖盛期;若生殖腺不很饱满,表示采捕的种海胆成熟不良或者尚未到繁殖期;若生殖腺外有大量浆液渗出或者呈现糊状,则表示采捕的种海胆已进入繁殖末期。

2.分辨雌雄

卵和精子应分别进行收集。一般来说,雌、雄的排放产物在染色上有差别。卵子一般呈橙黄色,精液一般呈白色。如果不能确定,可以取样在显微镜下观察。卵子球形直径 $90 \sim 135 \mu m$。精子比较小,全长 $20 \sim 30 \mu m$,头部呈梭形,活动状态下尾部不易观察,精子在水中能够快速移动。

3.海胆人工催产方法

海胆人工催产方法有氯化钾溶液注射法、摘除口器法、阴干流水升温刺激法等。

4.海胆的发育过程

海胆个体发育过程主要包括受精卵、卵裂、囊胚期、原肠期、棱柱幼体、4 腕幼体、6 腕幼体、8 腕幼体、稚胆、成胆。

二、技能要求

(1)掌握选择种胆的方法。

(2)掌握种胆培育方法。

(3)掌握种胆的催产方法。

(4)掌握海胆的受精方法。

(5)掌握受精卵孵化的方法。

三、技能操作

(一)种胆的选择与培育

1.种海胆选择

一般来说,育苗用的种海胆最好利用海区养殖自然成熟的个体。一般要挑选 3 ~4 龄以上的活力强、无病、无损伤个体,虾夷马粪海胆(中间球海胆)最好选择壳径 50 ~60 mm,北方采捕时间在 9 月中旬 ~11 月末。光棘球海胆的亲海胆规格以壳径 60 ~80 mm 为宜,北方采捕时间 7 ~8 月份。马粪海胆最好选择壳径 30 ~40 mm,采捕在 3 ~4 月份。紫海胆在 7 ~9 月份。

2.种海胆培育

人工促熟培育水温的调节过程一般是先通过一段缓慢的升温(或降温)过程,使培育水温逐渐接近其繁殖水温,然后再经过一段时间的恒温培育,夜间投饵要适当增加,同时白昼要适当的控制光强。种海胆蓄养密度 40 ~100 个/立方米。换水 2 次,每次 1/2,充气培育,投喂海带、石莼、裙带菜等,也可添加动物性饵料。

(二)人工诱导采卵

1.氯化钾溶液注射法(图 10 -5)

采用从围口膜处注入 37 g/L 的氯化钾溶液 1.5 mL,每个种海胆的注射量可按其个体大小控制在 1.5 ~2.5 mL 左右,注射后静置 1 ~5 min,然后将亲海胆生殖孔朝下放置于 500 mL 采卵烧杯上,待开始排放精卵后雄、雌分别收集精、卵(图 10 -6、图 10 -7)。受精率可达 90 % 以上,孵化率达 60 % ~80 % 以上。

2.摘除口器法

剪开种海胆的围口膜并剪断口器的系膜,摘掉口器,再用洁净的海水冲净壳内的粘液及其他杂质,然后将种海胆生殖孔朝下浸渍于采卵槽水体上层,一一般经数分钟也可以排放,排放后精卵也应分别收集。

图 10-5　注射氯化钾溶液　　图 10-6　海胆精液　　图 10-7　海胆卵液

3. 阴干流水升温刺激法

种海胆阴干 1.5~2 h,流水刺激 1 h,再移到高于原水温 1 ℃~2 ℃的海水中,经过 2~3 h,出现排精产卵的现象。此法的成功率,视种海胆的性腺发育程度而异,一般中间球海胆可达 40 % 左右,受精卵经过几次洗卵,除去多余的精子,即可移入孵化池孵化。

(三)授精及孵化

1. 受精

分别收集精子和卵子进行人工授精(图 10-8),授精过程一般在较小的水体中集中进行,授精时间最好控制在精卵排出体外后的 60 min 之内,防止幼体发育畸形受精时精子的用量必须加以控制,以平均每个卵约 1 000 个精子的比例比较适宜,常用的检查方法为镜检法,即授精 1~3 min 立即取样置于显微镜下进行检查。若大部分卵的卵黄周围出现围卵腔、受精膜举起则说明受精良好。

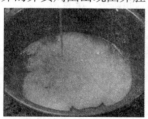

图 10-8　海胆人工受精　　　　图 10-9　卵裂

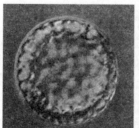 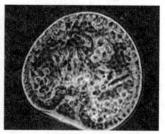

图 10-10　囊胚　　　　　　图 10-11　原肠胚

2. 洗卵

授精之后要立即对受精卵进行彻底的洗卵,在小型水槽中进行洗卵比较便于操作,可利用海胆的卵为沉性卵这一特点,当卵全部沉至槽底后,采取倾倒法或者虹吸法将水槽上层 2/3 ~ 4/5 不含卵的水慢慢地倾倒掉(或虹吸掉),然后再加入水温相同的新鲜海水。经过约 30 min,待卵充分沉降之后,再倒掉(或虹吸掉)水槽上层海水,然后再次加入新水。如此反复操作 3 ~ 5 次,则水槽内的多余精子即可被洗掉绝大部分。

3. 孵化

经洗卵后的受精卵可移入孵化水槽或者水池内进行充气孵化,受精卵的孵化密度以 1 ~ 2 个/毫升比较适宜。据报道,中间球海胆在 17.0 ℃ ~ 18.5 ℃水温下,经 11.5 h 受精卵经卵裂(图 10 - 9)即可发育至纤毛囊胚(图 10 - 10)而上浮,进入浮游幼体期。光棘球海胆在 20 ℃ ~ 23 ℃水温下经 10 ~ 15 h 上浮。马粪海胆在 14 ℃ ~ 17 ℃水温下经 22 h 上浮。26 h 后形成原肠胚(图 10 - 11)。

表 10 - 1　不同海胆胚胎发育时间比较

海胆种类 发育时期　　水温(℃)	中间球海胆 15 ~ 18	光棘球海胆 23 ~ 24	马粪海胆 14 ~ 17
2 细胞	1 h 30 min	1h	2h
4 细胞	1 h 30 min ~ 2 h 12 min	1 h 30 min	3 h 30 min
8 细胞	3 h	2 h	4 h 30 min
16 细胞	3 h 48 min	2 h 40 min	5 h
囊胚期		5 h 30 min	15 h
上浮	11 h 30 min	10 h	22 h
原肠	18 h	15 h	26 h
棱柱幼体	30 h	24 h	42 h
4 腕幼体	50 h	42 h	66 h
8 腕幼体	12 ~ 13 d	6 ~ 7 d	9 ~ 10 d

实训项目三:海胆浮游幼虫培育技术

一、相关知识

长腕幼虫海胆类继原肠胚以后的幼体类型,与成体的辐射对称不同,具有明显的左右对称形态。在含有 V 形消化管的身体中间的两侧生有一定数目的左右对称的突起(称为腕)。其边缘生有长纤毛带,但腕的中轴有钙质的幼虫骨骼,变态时仅仅由含有消化管、体腔囊等的体中间部分形成成体,其余部分则被抛弃。上述各点样表现于蛇尾幼虫(继原肠胚后的幼虫期),只是蛇尾幼虫的腕数少、后侧突向前方(海胆幼虫也有,但很短,而是朝向后方外侧)。

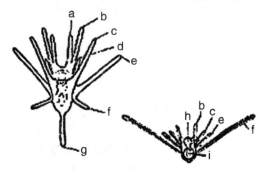

左:海胆幼虫(心形类)   右:蛇尾幼虫

a. 口前突起   b. 前侧突起   c. 口后突起   d. 前背突起   e. 后背突起

f. 后侧突起   g. 后突起   h. 口   i. 肠

图 10 – 12   海胆幼虫与蛇尾幼虫

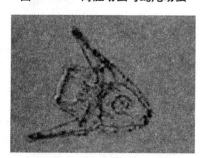

图 10 – 13   海胆腕状幼体

采用合适的单细胞饵料培育浮游幼虫;幼虫培育密度低于 1.0 个/毫升。

二、技能要求

(1)掌握海胆浮游幼体选育方法。

(2)掌握浮游幼体的培育方法。

三、技能操作

1. 选育

在浮游幼体大部分上浮后进行,用 100～200 目的筛绢制成网箱,在孵化水层轻轻拖起,可重复 2～3 次。

2. 培育

选育后浮游幼体培育密度 0.4～0.8 个/毫升,应及时投喂开口饵料,最好孵出后 24 h(选育后的次日)开始投喂,饵料以纤细角毛藻为最好,密度为 100

万~200 万/毫升时可投喂,投喂量由初期 0.6 万~2 万个细胞/毫升,至后期增至 2 万~7 万/毫升。日投饵分 2~4 次投喂。中间球海胆 4 腕期之前每天投 1 万~2 万/毫升,6 腕期增至 3 万~4 万/毫升,8 腕前期增至 4 万~5 万/毫升,8 腕后期增至 6 万~7 万个细胞/毫升。日投饵分 4~6 次投喂。

3. 日常管理

(1)换水:日换水 2 次,每次换水量为培养水体的 50 %~70 %,换水时网箱网目由 260 目,200 目,150 目,120~100 目随幼虫增大而变化。

(2)清底:每隔 5~10 d 倒池后清底一次。

(3)光照:暗光培育。

(4)水温:不同的海胆幼体,需要不同的培育水温。

实训项目四:浮游幼体的采集与底栖硅藻的培养技术

一、相关知识

采苗板为无毒的透明聚氯乙烯(PVC)材质波纹板,采苗板规格一般为长 40 cm、宽 33 cm、厚 0.5~0.8 mm,波纹的波高 1~1.5 cm。组装采苗板的框架有筐式及折叠式两种,每个框架均可组装采苗板 20 片。其中,折叠式框架无论横放还是立放采苗板均不易脱出,并且采苗板的间距较大,板间不易重叠,对海胆育苗更为适用些。

表 10-2　不同海胆附着变态时间

海胆种类	中间球海胆	光棘球海胆	马粪海胆	紫海胆
水温(℃)	15~18	20~24	14~17	28
附着变态时间(d)	18~21	15~20	28~29	10~12

采苗用饵料为底栖硅藻即阔舟形藻、舟形藻、东方弯杆藻、月形藻、卵形藻等。

二、技能要求

(1)掌握浮游幼体采集方法。

(2)掌握底栖硅藻的采集方法。

(3)掌握底栖硅藻的培养方法。

三、技能操作

1. 采苗板的投放

投放采苗板的时间最好选择在浮游幼体开始变态前,8 腕幼虫先在左侧分化出海胆原基,即选择在海胆原基出现的 2~3 d 投放附着基,且采苗板水平放置效果好。密度每片 300~500 个幼体为宜。

2. 底栖硅藻采集方法

（1）海区挂附着片：在海区浮筏下，悬挂各种类型的附着基（如文蛤壳、塑料板、玻璃片、塑料片），悬挂深度为 0.5 m 左右，两三天后取回，将附着基上的杂物冲洗掉，再把附着的底栖硅藻擦洗下来，收集为藻种。

图 10-14　海胆的附着基

（2）刮砂淘洗：在海滩的中潮线附近，自然繁殖的底栖硅藻在沙滩的表面形成黄绿色或黄褐色的密集藻群。可以在最低潮时刮取有密集藻群的表层细砂，放到塑料桶中，加入清洁海水，搅拌并清除杂物，静止片刻，待泥沙下沉，上层液体呈茶褐色，再经 20 目筛绢过滤，即可得到浓度很大的底栖硅藻藻液。收集底栖硅藻时，也可以用干净的白毛巾沾取沙滩表面的底栖硅藻，然后将毛巾上的硅藻冲洗到塑料桶中。

（3）洗擦法：海藻表面或储水容器的底壁在海区生长的大型藻类的藻体表面，在储水池、储水的水族箱的底部和四壁，在紫菜育苗池及其采苗器上面，都有底栖硅藻附着。把这些底栖硅藻擦洗下来，收集为藻种。

3. 底栖硅藻接种

（1）接种前消毒：首先要把培养容器和附着装置用 0.5% ~1% 氢氧化钠溶液浸泡清洗消毒干净，将附着装置放入培养容器中，加满消毒海水。消毒海水一般用有效氯 10×10^{-6} ~20×10^{-6} 的漂白液处理海水 12 h 以上，使用前需用 8×10^{-6} ~10×10^{-6} 硫代硫酸钠中和以免抑制底栖硅藻生长。

（2）底栖硅藻处理：接种时，将波纹板插到框架中使消毒海水刚刚浸没整个框架。将采集到的底栖硅藻种液用 200 目筛绢过滤 1~2 次后，倒入培养池中。搅动海水使藻液在水中均匀分布，静止一天，底栖硅藻就会附着在波纹板的向上面（单面附着）。用水轻轻冲洗波纹板，波纹板上的硅藻不脱落时，即可全池换水，加入新鲜海水并施肥，开始培养。培养 2~3 d，可把附着装置翻转，再一次接种波纹板,即可得到双面底栖硅藻。

图 10 - 15　藻类的过滤　　　　　图 10 - 16　饵料的投喂

(3)底栖硅藻充气培养管理:

①换水:轻轻抖动波纹板底栖硅藻不脱落时即可换水,静水培养底栖硅藻,需每 2～3 d 换一次。在高温季节里,换水次数应增加,必要时每天换水 1～2 次。最好利用循环水或流动水培养底栖硅藻,能获得比较理想的效果。

②施肥:换水后立即施肥,需要不断添加营养盐。硝酸铵:10～25 mg,磷酸二氢钾:1～2.5 mg,柠檬酸铁:0.1 mg,硅酸钠:1 mg,维生素 B_{12}:0.25 mg,海水 1 L。

③光照:底栖硅藻需要的光较弱,为 2 000 lx 左右。严格避免长时间的直射光照射。尽可能地利用较强的漫射光,阴雨天气利用人工光源补光。室外池需安装空架式屋顶和天幕,以便调光。

④敌害生物处理:可利用 0.2×10^{-6}～0.3×10^{-6} 的敌百虫防治桡足类。

⑤巡池观察:每天需要进行定期镜检,掌握藻类生长繁殖的情况。需要定期翻动附着板,使底栖硅藻获得充足的营养。

⑥扩池:一周后进行,用干净塑料盆收集波纹板上的底栖硅藻,用 200 目筛绢过滤后撒入新池内,然后立即施肥。一般经过 15 d 左右的培养即可供海胆食用。

实训项目五:稚海胆的培育技术

一、相关知识

网箱流水或静水培育,流水培育每日交换 2～5 倍水体,静水培育每日换水 2 次。每次换 1/2,同时充气。7～9 月份采苗的稚海胆,陆上使用网箱培育到当年年底,只能长到 4～10 mm,3 mm 以前摄食底栖硅藻,3～5 mm 投囊藻、石莼,0.5 cm 以上饵料使用海带等藻类或人工饵料,成活率 60 %～90 %。

二、技能要求

(1)掌握稚海胆前期和后期培育方法。

（2）掌握稚海胆的剥离方法。

三、技能操作

1. 前期培育

稚海胆前期，以摄食采苗板上的底栖硅藻为主。密度为 1 个/平方厘米。

8 腕幼体后期，移入培养底栖硅藻的池内，1~2 d 静水培养，幼体附着变态至稚海胆后，采用微通气，最好用流水培育法，随着稚海胆的成长，流水量由每天换水 1~2 个量程，增至 3~4 个量程。根据需要或定期施用青霉素 4 g/m³ 预防病害，日本学者采用 10 g/m³ 的抗生素也抑制腕肉溃烂病情的蔓延。

前期静水培育管理主要是加大换水量，充气，控制光照在 500~3 000 lx，换水后按氮 1~5 mg/L，磷 0.2~1 mg/L，硅 0.1~0.5 mg/L，铁 0.01 mg/L 补加营养盐，使采苗板上保持棕褐色。

图 10 - 17　海胆培育池

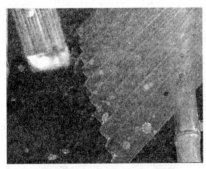

图 10 - 18　稚海胆剥离

图 10 - 19　稚海胆后期培育

2. 稚海胆剥离

稚海胆在波纹板上生长到 0.2~0.5 cm 时，波纹板上的底栖硅藻基本被摄食完毕，此时将其剥离。剥离比较常用的方法有以下两种。

①用软毛刷直接剥离，本方法操作简单，但易对幼海胆管足造成损伤。

②用 37 g/L 的 KCl 溶液浸泡 0.5~3 min，或者用该溶液反复冲洗附苗板，

待稚海胆管足收缩并脱离板后集中收集。剥离操作要轻,应尽量避免对海胆造成机械损伤。

3. 后期培育

稚海胆后期,可开始摄取石莼、海带等的柔嫩藻体,食性开始转化。当采苗板上的硅藻消耗殆尽,10 d 后加喂新鲜海带。一个月后就不需要底栖硅藻了,完全可食用海带。

将稚海胆从采苗板上剥离至网箱内(网箱规格一般为深 0.3 ~ 0.4 m,长、宽 0.8 ~ 1.5 m,纱网的孔径 1 ~ 5 mm),投喂石莼、海带、羊栖菜等海藻类为主的嫩海藻或人工配合饵料。饵料要新鲜,用不了要浸泡在鲜海水中,投喂前要清洗、分段、撕条,先取出稚胆吃剩的海带,再投放新鲜海带。

用人工配合饵料进行培育时,网箱的底部还需要放 1 ~ 2 片带孔的黑色波纹板作幼海胆的附着基,并兼有承接饵料作用。该波纹板为无毒的黑色聚氯乙烯(PVC)或者玻璃钢材质,规格一般为长 50 ~ 80 cm、宽 30 ~ 70 cm、厚 0.8 ~ 1.5 mm,波纹的波高 3 ~ 5 cm,在波纹的波峰上面(或者侧面)开有一些孔洞作为幼海胆活动的通道,开孔的大小为 2 ~ 4 cm,孔间距 20 cm 左右。

图 10 - 20　波纹板

图 10 - 21　波纹板上海胆

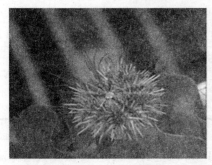
图 10 - 22　海胆

图 10 - 23　海胆养殖笼

稚胆附着密度在 0.2 ~ 0.4 个/平方厘米,网箱需要定期的曝晒、清洗以保持清洁。充氧培育。每两天换水一次,注意把死亡和生病的稚海胆从网箱中挑选出来,以免败坏水质。定期测量海水温度,最好控制在15 ℃~18 ℃,盐度为35左右。

4.中间培育

有人将体长4~10 mm的稚胆经3~6个月的培育,使个体达到1~2 cm以上的大规格苗种的培育阶段称为中间培育。有陆上和海上中间培育两种类型。海上使用浮筏吊养,饵料使用海带等藻类,成活率30 %~40 %,最高78.5 %。

实训项目六:虾夷马粪海胆的养殖技术

一、相关知识

(1)采用笼养方式,养殖成活率达60 %以上。

(2)生态环境:养殖海域水质清新,周围无工业及生活污水污染;浅海内海藻丰富,水深10 m以上,冬季无冰冻水层,易于设置浮筏的海区。

(3)中间球海胆从养殖情况见表10-3。

表10-3 不同器材养殖中间球海胆的放养密度(常亚青等,1998)

养殖器材	苗种规格(cm)	放养密度(个/层)	放养水层(m)
扇贝笼	0.3~1.5	50	4~6(春、秋季),6~12(夏季)
	1.0	40	4~8(春、秋季)
	<1.5	30	4~6(春、秋季),6~12(夏季)
	1.5~4.0	15	4~6(春、秋季),6~12(夏季)
	>3.5~4.0	5~10	4~6(春、秋季),6~12(夏季)
鲍鱼笼	<2.0	200	4~6(春、秋季),6~12(夏季)
	>2.0	40~65	4~6(春、秋季),6~12(夏季)
塑料筐	1.0~3.0	120~300	4~8(春、秋季)
	>3.0	60	4~8(春、秋季)

(4)饵料种类:0.3~0.5 cm的稚胆主要摄食底栖硅藻、囊藻和石莼;0.5~1 cm幼胆主要摄食底栖硅藻和海带等;1 cm以上的海胆,主要摄食大型海藻如海带、裙带菜等;对常见大型海藻类的摄食选择性依次为:海带、裙带菜、囊藻、马尾藻、石莼、刺松藻。

二、技能要求

(1)掌握海胆的养殖方法。

(2)能识别不同养殖器材。

(3)掌握饵料种类。

(4)掌握日常管理方法。

三、技能操作

1. 筏架设置

采用海带养殖使用的筏架,长度一般在 65~80 m,筏架宽度 5 m 左右。

2. 养殖器材

(1)塑料箱(规格 56 cm×36 cm×18 cm,两个扣在一起使用)。

(2)塑料筒(规格 30 cm×70 cm)。

(3)鲍养殖笼,直径为 60 cm,共有 12 层。

(4)扇贝养殖笼,直径为 33 cm,笼盘孔径 0.5 cm,小苗(壳长 1.5 cm 以上)网目对角线小于 1 cm,中苗(壳长 3 cm 以上)网目对角线小于 2.5 cm。

3. 苗种放养

提早放养大规格健壮苗种。一般选择苗种达到直径 1.5 cm 以上时进行分苗,但在分苗时间上要尽量选择在温度较低时进行。

4. 饵料生物的投放

投饵量根据摄食情况酌情处理,主要视残饵情况而定,一般春秋时节 1 周投喂 1 次,盛夏季节 1 周投喂 2 次,数量减半,以免饵料生物因海水温度过高而变质腐烂;冬季则 10~15 d 投喂 1 次。饵料生物的品种主要是海带,饵料系数为 1:15~1:20。

5. 日常管理

(1)要及时清除养殖笼内外的杂藻、杂贝,保持养殖笼内的水流畅通。

(2)要保持筏架的稳定,经常检查筏架的安全情况,大风大浪时及时将筏架下沉,平时则根据风浪大小加减浮漂。

(3)及时调节水层,一般初期下海时水层稍微浅一些,随着海胆增长幅度的快慢进行升降,逐渐加深水层。

6. 病害防治

除稚海胆进行放流时要注意蟹、鲈鱼等性情凶猛的海洋动物外,养殖中由于有网笼保护,海胆无明显的天敌,因此,养殖中的病害防治主要是密切注意水质变化,以免引起传染性疾病和病毒性感染,另外还要注意因挤压碰撞和机械损伤而引起的感染。

参考文献

〔1〕王克行.虾蟹增养殖学〔M〕.北京:中国农业出版社,1997.

〔2〕王克行.虾类健康养殖原理与技术〔M〕.北京:科学出版社,2008.

〔3〕刘洪军.无公害海水蟹标准化生产〔M〕.北京:中国农业出版社,2006.

〔4〕刘洪军.无公害南美白对虾标准化生产〔M〕.北京:中国农业出版社,2005.

〔5〕刘洪军,王春生.对虾梭子蟹青蟹日本蟳〔M〕.山东科学技术出版社,2008.

〔6〕黄瑞,张欣.虾蟹增养殖技术〔M〕.北京:化学工业出版社,2009.

〔7〕宋盛宪.南美白对虾无公害健康养殖〔M〕.北京:海洋出版社,2004.

〔8〕安邦超.海水名优鱼虾蟹养殖技术〔M〕.北京:中国农业出版社,1997.

〔9〕赵乃刚,申德林,王怡平.河蟹增养殖技术〔M〕.北京:中国农业出版社,
    1998.

〔10〕谢忠明.海水经济蟹类养殖技术〔M〕.北京:中国农业出版社,2002.

〔11〕戈贤平.无公害河蟹标准化生产〔M〕.北京:中国农业出版社,2006.

〔12〕张道波.海水虾蟹类养殖技术〔M〕.青岛:中国海洋大学出版社,1998.

〔13〕徐兴川.河蟹的健康养殖〔M〕.北京:中国农业出版社,2001.

〔14〕隋锡林.海参增养殖〔M〕.北京:中国农业出版社,1990.

〔15〕张群乐,刘永宏.海参海胆养殖技术〔M〕.青岛:中国海洋大学出版社,
    2004.

〔16〕山东省水产学校.海水鱼虾类养殖〔M〕.北京:中国农业出版社,1994.

〔17〕邓景耀.渤海三疣梭子蟹的生物学〔C〕//甲壳动物学论文集.北京:科学出
    版社,1986,77-85.

〔18〕华妆成.单细胞藻类的培养与利用〔M〕.北京:中国农业出版社,1981.

〔19〕湛江水产专科学校.海洋饵料生物培养〔M〕.北京:中国农业出版社,1980.

〔20〕任宗伟,解相林,熊玉丽,等.浅海筏式笼养梭子蟹实验〔J〕.齐鲁渔业,
    2002,19(5):12-13.

〔21〕王华清.浅海延绳式笼养梭子蟹〔J〕.科学养鱼,2002,4:4-5.

〔22〕吴坤杰,刘松岩.中国龙虾繁殖生物学及幼体培育研究进展〔J〕.信阳农业
    高等专科学校学报,2007,17(4):122-123.

〔23〕韦受庆.中国龙虾叶状幼体培育水质试验〔J〕.广西科学院学报,2003,16

(1):29 - 33.

〔24〕刘慧玲,黄翔,刘楚吾,等.龙虾繁殖生物学及幼体培育研究进展〔J〕.湛江海洋大学学报,2006,26(6):72 - 76.

〔25〕游克仁.海水龙虾人工养成技术〔J〕.水产养殖,2004,2:16 - 17.

〔26〕韦受庆,赖彬,杨小立.龙虾叶状体饵料的研究〔J〕.广西科学,1964,2:41 - 44.

〔27〕阎斌伦,徐国成,李士虎,等.虾蛄工厂化育苗生产技术研究〔J〕.淮海工学院学报(自然科学版),2004,13(1):14 - 16.

〔28〕赵青松,王春琳,蒋霞敏,等.虾蛄的池塘养殖技术〔J〕.海洋渔业,1998,4:169 - 171.

〔29〕王波,张锡烈,孙丕喜.口虾蛄的生物学特征及其人工苗种生产技术〔J〕.黄渤海海洋,1998,16,(2):64 - 73.

〔30〕孙丕喜,张锡烈.口虾蛄人工育苗技术研究〔J〕.黄渤海海洋,2000,18(2):41 - 46.

〔31〕翟兴文,蒋霞敏.虾蛄繁殖生物学及人工繁殖概述〔J〕.海洋科学,2002,26(9):13 - 15.

〔32〕魏国重,李晓月.海泥在刺参苗种培育中的应用〔J〕.科学养鱼,2011,3:36 - 37.

〔33〕李晓霞.虾夷马粪海胆筏式养殖技术〔J〕.海洋与水产报,1999,24(9).

〔34〕李晓霞,赵建经.关于河蟹土池育苗技术问题的探讨〔J〕.北京水产,1999,6:19 - 20.

〔35〕李晓霞.刺参室内水泥池中间育成技术〔J〕.齐鲁渔业,1999,6:14.

〔36〕李晓霞,王新红,迟恩俊.日本对虾人工育苗过程中应注意的问题〔J〕.河北渔业,2001,3:19 - 20.

〔37〕李晓霞.单细胞藻类培养应注意的问题〔J〕.齐鲁渔业,2001,5:35 - 36.

〔38〕李晓霞.刺参室内水泥池中间育成技术〔J〕.中国水产,2003,3:38 - 39.

〔39〕李晓霞.海参苗种培育应注意的问题〔J〕.河北渔业,2006,1:51 - 57.

〔40〕李晓霞.刺参苗种网箱中间育成技术〔J〕.河北渔业,2011,8:40 - 44.

〔41〕李晓霞.在较差环境条件下单细胞藻类培养〔J〕.科学养鱼,2012,9:74 - 75.

〔42〕李晓霞.短期内大规模培养单细胞藻的方法〔J〕.科学养鱼,1999,7:35 - 36.

〔43〕李晓霞.刺参室内水泥池中间育成技术〔J〕.科学养鱼,1999,6:18 - 19.

〔44〕李晓霞.河蟹土池育苗投饵应注意的问题〔J〕.中国水产,1999,5:3 - 35.